画说三农书系
HUA SHUO SAN NONG SHU XI

『十三五』国家重点图书出版规划项目

画说真姬菇

优质高效生产技术

李 玉 杨仁智 郑雪平 主编

U0271900

中国农业科学技术出版社

图书在版编目（CIP）数据

画说真姬菇优质高效生产技术 / 李玉，杨仁智，郑雪平主编 . —北京：中国农业科学技术出版社，2020.10
ISBN 978-7-5116-4956-0

Ⅰ. ①画… Ⅱ. ①李… ②杨… ③郑… Ⅲ. ①食用菌—蔬菜园艺 Ⅳ. ①S646

中国版本图书馆 CIP 数据核字（2020）第 156854 号

责任编辑　于建慧
责任校对　贾海霞

出 版 者	中国农业科学技术出版社
	北京市中关村南大街12号　　邮编：100081
电　　话	（010）82109708（编辑室）（010）82109702（发行部）
	（010）82109709（读者服务部）
传　　真	（010）82106650
网　　址	http://www.castp.cn
经 销 者	各地新华书店
印 刷 者	北京富泰印刷有限责任公司
开　　本	880mm×1 230mm　1/32
印　　张	3.625
字　　数	100千字
版　　次	2020年10月第1版　2020年10月第1次印刷
定　　价	30.00元

◄━┅ 版权所有·翻印必究 ┅━►

《画说"三农"书系》

编辑委员会

主　任：张合成

副主任：李金祥　　王汉中　　贾广东

委　员：贾敬敦　　杨雄年　　王守聪　　范　军
　　　　高士军　　任天志　　贡锡锋　　王述民
　　　　冯东昕　　杨永坤　　刘春明　　孙日飞
　　　　秦玉昌　　王加启　　戴小枫　　袁龙江
　　　　周清波　　孙　坦　　汪飞杰　　王东阳
　　　　程式华　　陈万权　　曹永生　　殷　宏
　　　　陈巧敏　　骆建忠　　张应禄　　李志平

《画说真姬菇优质高效生产技术》

编委会

主　编　李　玉　　杨仁智　　郑雪平

副主编　饶益强　　李　博　　张光忠　　潘　辉

参　编　郑华荣　　林瑞虾　　林　叶　　赖志斌

　　　　　　李世文　　王　松　　周　峰　　李正鹏

　　　　　　刘四海　　于海龙　　章炉军　　宋春艳

　　　　　　尚晓冬　　李巧珍

《画说『三农』书系》序

　　农业、农村和农民问题，是关系国计民生的根本性问题。农业强不强、农村美不美、农民富不富，决定着亿万农民的获得感和幸福感，决定着我国全面小康社会的程度和社会主义现代化的质量。必须立足国情、农情，切实增强责任感、使命感和紧迫感，竭尽全力，以更大的决心、更明确的目标、更有力的举措推动农业全面升级、农村全面进步、农民全面发展，谱写乡村振兴的新篇章。

　　中国农业科学院是国家综合性农业科研机构，担负着全国农业重大基础与应用基础研究、应用研究和高新技术研究的任务，致力于解决我国农业及农村经济发展中战略性、全局性、关键性、基础性重大科技问题。根据习总书记"三个面向""两个一流""一个整体跃升"的指示精神，中国农业科学院面向世界农业科技前沿、面向国家重大需求、面向现代农业建设主战场，组织实施"科技创新工程"，加快建设世界一流学科和一流科研院所，勇攀高峰，率先跨越；牵头组建国家农业科技创新联盟，联合各级农业科研院所、高校、企业和农业生产组织，共同推动我国农业科技整体跃升，为乡村振兴提供强大的科技支撑。

组织编写《画说"三农"书系》，是中国农业科学院在新时代加快普及现代农业科技知识，帮助农民职业化发展的重要举措。我们在全国范围遴选优秀专家，组织编写农民朋友用得上、喜欢看的系列图书，图文并茂地展示先进、实用的农业科技知识，希望能为农民朋友提升技能、发展产业、振兴乡村作出贡献。

中国农业科学院党组书记　张合成

2018年10月1日

前言

　　真姬菇包括市场常见的"蟹味菇""白玉菇"和"海鲜菇"三个品系，自20世纪80年代引入我国栽培后，因其形态美观、肉质鲜美，并具有独特的香味，备受消费者青睐。2001年，我国首个真姬菇工厂化栽培企业上海丰科生物科技股份有限公司成立后，其他企业也纷纷上马，真姬菇的栽培量逐年攀升。据中国食用菌协会统计，2017年，我国真姬菇栽培总量达39.13万t，是仅次于金针菇、杏鲍菇的第三大工厂化食用菌栽培品种。

　　在国家食用菌产业技术体系的大力支持下，为提高广大真姬菇从业者栽培技术水平，减少因技术造成的企业损失，编者从现有科研成果出发，总结多个大型真姬菇栽培企业生产经验，编写了《画说真姬菇优质高效生产技术》一书，本书通过大量彩色图片辅助讲解生产中重点、难点内容，希望对我国真姬菇产业的健康持续发展起到应有的作用。

　　由于编者水平有限及时间仓促，书中难免有不足之处，敬请读者批评指正。

目　录

第一章 概 述

第一节 真姬菇分类地位

真姬菇*Hypsizygus marmoreus*（Peck）H. E. Bigelow又名玉蕈、斑玉蕈、假松茸等，属担子菌亚门层菌纲伞菌目白蘑科玉蕈属。

不同菌株子实体外观不同，褐色或浅褐色品系具有深色大理石状斑纹，被称为"蟹味菇"；白色品系是由褐色品系变异而来，因栽培条件不同生产出的成品菇形态也有较大差异，菇盖圆整，菇柄较短的被称为"白玉菇""玉龙菇"；菌柄较粗、较长的称为"海鲜菇"。

蟹味菇

白玉菇

海鲜菇

第二节　真姬菇的价值

一、食用价值

真姬菇菌肉肥厚，口感细腻，气味芬芳，菇体脆嫩鲜滑，清甜可口，味道鲜美，含有多种氨基酸，包括8种人体必需氨基酸，还含有数种多糖体，是一种低热量、低脂肪的保健食品。

炒白玉菇

炒蟹味菇

二、药用价值

真姬菇中赖氨酸、精氨酸的含量高于一般食用菌，有助于青少年益智增高。特别是子实体的提取物具有多种生理活性成分。其中，真菌多糖、嘌呤、腺苷能增强免疫力，促进抗体形成抗氧化成分能延缓衰老、美容等。

真姬菇子实体中提取的 $\beta-1,3-D$ 葡聚糖具有很高的抗肿瘤活性，菇体中分离得到的聚合糖酶的活性也比其他食用菌高，其子实体热水提取物和有机溶剂提取物有清除体内自由基作用，因此，真姬菇有防止便秘，抗癌、防癌，提高免疫力，预防衰老，延长寿命的独特功效。

第三节　真姬菇栽培史

真姬菇分布在亚洲的日本、北美洲和欧洲等北温带地区，是春秋季生木腐菌，主要生长在山毛榉及其他阔叶树的枯木、风倒木和树桩上。

1972年，日本宝酒造株式会社（TAKARA SHUZO CO.，LTD.）首次人工栽培真姬菇，并取得专利权，目前，真姬菇在日本的主要栽培地区为长野县、新潟县和福冈县。日本真姬菇是仅次于金针菇的第二大食用菌种类，产量约占日本食用菌总产量的四分之一。

20世纪80年代起，我国对真姬菇开始开展生物学特性和栽培条件的研究，并在山西、河北、河南、山东、福建进行小规模栽培，主要以盐渍菇出口日本。经过近20年的发展，目前，已经实现工厂化栽培，并且产地遍及全国，在实现工厂化品类中仅次于金针菇和杏鲍菇，2017年，全国真姬菇总产量超过39万t。

工厂化瓶栽蟹味菇

工厂化袋栽海鲜菇

工厂化瓶栽白玉菇

第二章 真姬菇生物学特性

第一节 形态特征

一、菌丝体

真姬菇菌丝具有锁状联合，属于四极性异宗结合食用菌。菌丝生长旺盛，发菌较快，抗杂菌能力强。老菌丝不分泌黄色液滴，不形成菌皮，不良条件下易产生节孢子及厚垣孢子。在斜面培养基上，菌丝浓白色，气生菌丝旺盛，爬壁能力强，老熟后呈浅土灰色。培养条件适宜时，菌丝7～10d长满试管斜面；条件不适宜时，易产生分生孢子，在远离菌落的地方出现许多星芒状小菌落，培养时不易形成子实体。用木屑或棉籽壳等培养料培养时，菌丝浓白健壮，抗逆性强，不易衰老。

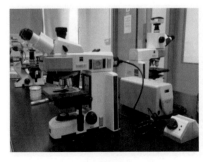
显微镜

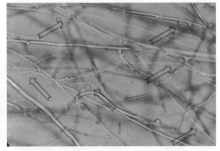
菌丝形态（400X）（箭头处为锁状联合）

二、子实体

真姬菇子实体丛生，每丛30～50个不等。菌盖幼时半球形，直径约1～7cm，后渐平展，盖面平滑，有2～3圈斑纹，盖缘平或微下弯，稍波状，菌肉白色，质韧而脆，致密。菌褶白色至浅黄色，弯生，有时略直生，密，不等长，离生。菌柄中生，圆柱形，长3～12cm，幼时下部明显膨大，白色至灰白色，粗0.5～3.5cm，上细下粗，充分生长时上下粗细几乎相同，多数稍弯曲，有黄褐色条纹，中实，老熟时内部松软。担孢子无色，平滑，球形，孢子印白色。分生孢子白色，培养条件不适宜时出现在气生菌丝末端。

幼时蟹味菇

成熟蟹味菇

白玉菇菌盖花纹

三、孢子

真姬菇与大多数食用菌一样，每个担子上着生4个担孢子，担孢子卵球形，直径2～5μm，孢子印为白色。四极性交配系统。

第二节　生长发育条件

一、营养条件

栽培真姬菇的培养料有木屑、玉米芯、棉籽壳、麸皮、米糠、玉米粉、大豆皮、甘蔗渣、熟石灰、轻质碳酸钙等。

1. 木屑

木屑为真姬菇栽培的主要原材料之一，并且最好为山毛榉（水青岗）、抱栎、天师栗（七叶树）等阔叶树的木屑，由于这类木屑较少，且随着栽培规模的增加，此类木屑已远满足不了生产的需要。目前，杨树木屑和果树木屑已成为真姬菇栽培最常用的原料，柳杉、松树等的木屑也可以栽培真姬菇，但单独用时应注意木屑堆积发酵的程度。一般阔叶树木屑堆制期为1～3个月，针叶树木屑堆制期最少要6个月以上，如果全部采用松树木屑，则木屑的堆制期建议在12个月以上，堆制过程中，要定时翻堆和浇水，使阻碍真姬菇菌丝生长的成分多元酚和树脂成分溶出、去除，确保真姬菇菌丝正常生长。近年来，也有一些工厂，使用杨木屑不进行堆制，但若堆制一下，堆制后的木屑质量会更稳定一些；另外，也有部分厂家不使用木屑，而是用玉米芯、棉籽壳等代替，但是采用这种原料会降低产品品质。木屑在使用前一定要过筛，去除大块杂质，以减少由于木屑导致的装瓶重量不准、料面不平整等装瓶质量问

木屑堆场

题，以及由此引起的各类设备故障问题。目前，较为好用的木屑过筛机如下图所示。

过筛机

木屑大小

2. 玉米芯

即已脱粒的玉米穗轴。玉米芯组织疏松为海绵状，通气性较好，吸水率高达75%。传统食用菌种植过程中要求玉米芯预湿，但随着生产规模的扩大，大部分瓶栽食用菌工厂玉米芯不再提前预湿。这主要是因为，玉米芯使用量大，提前预湿等操作极为不便，且在较高气温条件下，玉米芯易酸败，反而影响产量。

粉碎后的玉米芯

3. 棉籽壳

棉籽壳是棉籽榨油之前，用剥壳机处理去掉棉籽后的壳，是粮油加工厂的下脚料。其质地松软，吸水性强，营养高于玉米芯，透气性好于玉米芯，非常适合食用菌菌丝的生长，是各种食药用菌袋料栽培使用最广的一种原材料。按壳的大小，分为大壳、中壳、小壳；按绒的长短分为大绒、中绒、小绒。在真姬菇种植过程中最常用的是中壳中绒或者中壳长绒，要求抓在手里无明显刺感的棉籽壳，并要求新鲜、干燥，颗粒松散，无霉烂，无结团，无异味，无螨虫。

棉籽壳（中绒中壳）

4. 麸皮

即小麦最外层的表皮，小麦被磨面机加工后，变成面粉和麸皮两部分，麸皮就是小麦的外皮，多数当作饲料使用。麸皮营养丰富，富含淀粉、蛋白质、维生素E和B族维生素。在食药用菌

麸皮

生产中，它既是优质氮源，又是碳源和维生素源。

5. 米糠

水稻去壳精制大米时留下的种皮和糊层等混合物。米糠含有丰富的维生素和矿物质，可溶性碳水化合物含量较高，能满足真姬菇菌丝体对氮源的需求。但米糠的持水性差，在使用时需要添加一些其他辅料，例如，麸皮、玉米粉等。

米糠

6. 玉米粉

玉米籽粒的粉碎物。玉米粉营养十分丰富，维生素B_1含量高于其他谷类作物。添加适量的玉米粉，可以增强菌种活力，显著提高真姬菇产量。

玉米粉

7. 甘蔗渣

甘蔗榨取糖后的下脚料。甘蔗茎由大量薄皮细胞组成，压榨过程细胞液泡破裂，流出糖液，不同设备榨糖的下脚料质量不一，有粗渣和细渣之分，粗渣需要经过粉碎才能够使用。甘蔗渣富含纤维素，木质素含量较少，具有高孔隙度和高持水率的优点。甘蔗渣残留糖分，能诱导菌丝产生纤维素酶。甘蔗渣在室外

甘蔗渣（细渣）

堆置过程中易产生链孢霉，存放过程中应注意防控链孢霉。

8. 无机盐

真姬菇在生长发育过程中需要一定量的无机盐，如钾、磷、硫、镁、钙、钠、铜、铬等矿质元素，矿质元素广泛存在于畜禽粪便、麦秸、稻草、木屑、棉籽壳等有机物中，除非有特殊要求，一般不要另外补充。

各元素被吸收利用的量不同，彼此间不可替代，这些矿质元素的生理作用，一是参与细胞组成，二是参与酶的活动，三是调节

渗透压，维持离子浓度的平衡。在生产中常用以下几种无机盐原材料。

（1）石膏　石膏的化学名称硫酸钙，分子式为$CaSO_4 \cdot 2H_2O$。颜色有白色、粉红色、淡黄色或灰色，透明或半透明。呈板状、纤维状或细粒块状，有玻璃光泽。可直接提供真姬菇生长必需的钙、硫等营养，还可以加速原材料中有机质分解，促使可溶性磷、钾迅速释放。

（2）轻质碳酸钙　轻质碳酸钙是将石灰石等原材料煅烧生成石灰和二氧化碳，再加水消化石灰生成石灰乳（主要成分为氢氧化钙），然后再通入二氧化碳，碳化石灰乳生成碳酸钙沉淀，最后经脱水、干燥和粉碎而制得，纯品为白色晶体或粉末，分子式为$CaCO_3$，对培养料的酸碱度起缓冲作用。

轻质碳酸钙

（3）生石灰　生石灰的化学名称叫氧化钙，分子式为CaO，可以提高培养料的酸碱度，也可以补充培养料中的钙元素。

生石灰

二、环境条件

1. 温度

温度是影响真姬菇生长发育的重要因子。菌丝生长温度5～30℃，最适生长温度22～25℃，超过35℃或低于4℃时菌丝不再生长，在40℃以上无法存活。

原基形成温度范围13～17℃。子实体生长温度5～25℃，最适生长温度13～18℃，在此温度范围内，子实体肉质肥厚，产量高，不宜开伞；温度高于18℃，生长速度加快，

温度记录仪

温度计

易开伞，菇柄易空心，产量低，品质差；温度低于13℃，子实体生长缓慢，肉质肥厚，但产量低。

2. 湿度

培养料的含水量以65%为宜，含水量过高，会降低菌丝生长速度，含水量过低会影响产量。由于培养周期较长，菌丝定殖后，培养室空气湿度需要保持75%左右，防止培养过程失水过多，最终影响产量。菇蕾分化时期，需要保持95%左右的高湿度，可以通过覆盖无纺布等方法增加料面的局部湿度，子实体生长期间空气湿度处于80%～95%，但相对湿度长时间

水分测定仪

高于95%，子实体易产生黄色斑点，且质地松软。

3. 光照

菌丝生长阶段不需要光照，强光会抑制菌丝的生长，而且会使

菌丝发黄。菇蕾形成需要光线的刺激，完全黑暗会抑制菇盖的分化进而形成畸形菇。子实体生长阶段需要阶段性的光线照射，光线过暗会导致子实体表面白化，影响品质。真姬菇子实体具有明显的趋光性，如果光源（光照）不均匀，会导致菇柄长短不一、菇盖厚薄不均。蓝紫色光源较白色光源效果更好，但对员工眼睛有伤害，因此，一般使用白色光源。

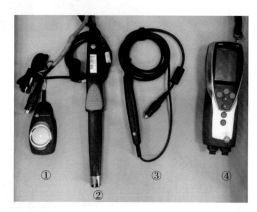

①光照度探头；②湿度探头；③风速探头；④主机

多功能环境测定仪

4. 空气

真姬菇为好气性菌类。菌丝和子实体的生长都需要呼吸氧气，因此，培养基需要保持较好的孔隙度，为菌丝生长提供良好的通气条件，通气差，随着菌丝的生长，CO_2浓度越来越高，菌丝生长速度也越来越慢。子实体对CO_2浓度非常敏感，菇蕾分化时CO_2浓度一般要求低于1 000mg/kg，子实

CO_2测定仪

体生长阶段保持2 000～4 000mg/kg，期间通过间歇性提高CO_2浓度拉长菇柄，提高产量，但长时间处于高CO_2浓度下，易发生畸形。

5. 酸碱度

真姬菇菌丝生长的pH范围为4～8.5，最适pH值6～7，由于菌丝生长过程中会产生有机酸，培养基的酸碱度会逐步下降，出菇时pH值降低至5～5.5。

pH测定仪

第三章　真姬菇品种和菌种

第一节　品种选择

优良品种是高产的物质基础，瓶栽和袋栽使用的是同样的品种。日本育种企业走在前列，培育出一批优良品种，我国的上海丰科生物科技股份有限公司坚持育种工作，育出了白玉菇品种"Finc-W-247"。

一、蟹味菇常用品种

1. Oh-494

（1）来源　日本株式会社大木町食用菌菌种研究所。

（2）品种特性　菌丝洁白，呈绒毛状，爬壁能力较强；培养期间菌丝白且强壮，后期有菌索出现，菌丝转黄；菇盖半球形，球体1/2状态。黄褐色，有大理石浮雕状花纹，菇帽颜色整体接近。菇帽半开伞时，菇帽边沿白色，菇帽边沿较薄，菇盖直径1.2～2.5cm；菇柄颜色白色带灰，实心，靠近菌盖部分密度大，下部密度小，中心呈海绵状；菇蕾较多，密集型；着生方式为丛生，下部分集结成簇，连接部分长1.5～2cm；柄长12～14cm。

2. NN-12

（1）来源　日本农协。

（2）品种特性　菌丝洁白，呈绒毛状，发菌较整齐，爬壁能力较强；发菌后期有菌索出现且很浓；菇盖半球形，球体1/2状态。黄褐色，有大理石浮雕状花纹，中央深、外围浅。最外缘白色，边缘白带上有竖直方向条纹，菇盖直径1.2～3cm；菇柄颜色上灰下白，实心，靠近菌盖部分密度大，下部密度小，中心呈海绵状；菇蕾较多，密集型；着生方式为丛生，下部分集结成簇，连接部分长3～4cm；柄长7.5～8.5cm。

二、白玉菇/海鲜菇

1. W-155

（1）来源　日本株式会社大木町食用菌菌种研究所。

（2）品种特性　菌丝白，呈绒毛状，爬壁能力一般；培养萌发强，发菌后期有菌索出现且很浓；菇盖半球形，球体1/2状态，直径1.2～2.3cm，菇帽白色，略带黄，菇帽有少量鱼鳞状斑纹；菇柄颜色白色，实心，靠近菌盖部分密度大，下部密度小，中心呈海绵状；菇蕾较多，密集型；着生方式为丛生，下部分集结成簇，连接部分长1.5～2cm；柄长13～15cm。

2. Finc-W-247

（1）来源　上海丰科生物科技股份有限公司。

（2）品种特性　气生菌丝发达，密度一般；菌盖直径为1.8cm±0.44cm，断面呈圆山型，通体雪白，肉厚，斑纹清晰，中央分布，无龟裂；菌褶雪白、笔直排列；孢子印颜色为白色；菌柄长度为6.8cm±0.93cm，中粗、雪白、无毛，与菌盖连接略偏生；单株之间以及单株内单根子实体之间的外观均一度高，瘤盖菇出现率低，对培养基适性强。

3. 白1号菌

（1）来源　日本北斗株式会社。

（2）品种特性　菌丝较浓密，生长顶端扩展整齐，绒毛状；基内菌丝生长速度快于气生菌丝，爬壁能力较强；发菌过程无菌索出现；菇盖半球形，球体1/2状态，颜色洁白有光泽，有大理石浮雕状花纹，菇盖直径1.2～3cm；菇柄颜色白色，实心，中心呈海绵状；蕾多，着生方式为丛生，下部分集结成簇，连接部分长2～3cm；柄长5.5～7.5cm。

第二节　母种生产

优质的菌种是所有食用菌高产高质的必要保证与基础。在真姬菇的生产中，也不例外。选择优良的菌种进行大规模真姬菇生产是最重要的一步，参考标准：NY/T 528—2010《食用菌菌种生产技术规程》。

母种也称为一级种、试管种，是菌丝体纯培养物及其继代培养物。

一、培养基配方

1. 马铃薯葡萄糖琼脂培养基（PDA培养基）

马铃薯（去皮）200g，葡萄糖20g，琼脂20g，水1 000mL，pH自然。

2. 综合马铃薯葡萄糖琼脂培养基（CPDA培养基）

马铃薯（去皮）200g，葡萄糖20g，磷酸二氢钾2g，硫酸镁0.5g，琼脂20g，水1 000mL，pH自然。

3. 综合马铃薯葡萄糖蛋白胨培养基（CPDP培养基）

马铃薯（去皮）200g，葡萄糖20g，蛋白胨2～4g，磷酸二氢钾2g，硫酸镁0.5g，琼脂20g，水1 000mL，pH自然。

4. 马铃薯葡萄糖蛋白胨酵母培养基（PDPYA培养基）

马铃薯（去皮）300g，葡萄糖20g，蛋白胨2g，酵母粉2g，琼脂20g，水1 000mL，pH自然。

二、培养基制作

以PDA培养基的制作为例。

1. 准确称量

使用电子天平根据配方准确称量所需成分。

2. 材料处理

选取没有发芽的新鲜马铃薯，去皮后准确称重，切成1cm见方的小块，加入1 000mL水，煮沸15min后用4层纱布过滤，即得马铃薯浸出液。

浸出液加入称量好的葡萄糖和琼脂，加热搅动，直至琼脂完全融化，定容至1 000mL。

根据需要分装至试管或三角瓶内。

电子天平

马铃薯浸出液制备

 分装试管　　　　　　　　　　　分装三角瓶

3. 灭菌

使用高压蒸汽灭菌器，121℃灭菌30min，灭菌时，注意排净锅内冷空气，避免灭菌不彻底。一般选用如下的全自动灭菌器。如选用手动灭菌器，降温过程不要急于手动排气，避免压力降低速度过快，导致培养基爆沸，飞溅至透气塞或顶开透气塞。注意应每年检查与校准。

高压蒸汽灭菌器　　　　　　　　　灭菌程序

4.冷却

灭菌结束后，将灭菌锅盖打开一个缝隙，排出剩余热蒸汽，等待20～30min再将灭菌物拿出，利用灭菌锅余热烘干透气塞。

（1）试管摆斜面　待灭菌后的试管冷却至60℃左右摆斜面，温度过高，会在试管壁形成冷凝水，斜面长度以顶端距离棉塞4～5cm为宜，摆好斜面后马上用棉被覆盖，减少试管壁的冷凝水形成。

试管摆斜面

（2）培养皿冷却与制作　三角瓶培养基灭菌结束后，与提前灭菌并烘干的培养皿一起放入超净台。待三角瓶培养基冷却至不烫手，45℃左右，快速倒到平皿上。平皿培养基厚度3mm左右为宜。

打开三角瓶盖子

打开平皿

倒入培养基

平皿摆放整齐

三、接种

将待接种物品放入超净台紫外灯灭菌30min，接种前打开高效过滤风，利用酒精灯火焰对接种工具进行灼烧灭菌。

接种时，接种工具要彻底冷却，以免烫伤菌种，接种操作在酒精灯火焰周边无菌区域进行。不能使用污染、有分生孢子、老化的母种。

接种后，使用记号笔或标签纸标记好每支菌种的接种日期及品种编号并做好接种记录。

试管接试管操作如下。

打开母种试管塞

挑取接种块

接入试管

塞上试管塞

平皿接平皿操作如下。

使用打孔器打孔

挑取接种块

接入菌种块

使用封口膜封口

平皿接试管操作如下。

打开试管塞

挑取接种块

接入试管

塞上试管塞

四、培养与检查

接种后的母种放置于培养箱中避光恒温培养，温度设定为24℃，空气湿度控制在60%左右，培养过程定期检查（建议每天检查），及时剔除污染菌种和生长异常的菌种，并做好记录和分析，如果批量污染和异常，需要弃用。

菌种培养箱

第三节　枝条菌种

枝条菌种是目前广泛应用的固体菌种，由杨木等软质树种加工成枝条，菌丝长入枝条后作为菌种，具有接种速度快、菌龄一致性较高、成本低等特点。制作步骤如下。

母种

一、枝条浸泡

将枝条浸泡在石灰水中，待水分充分渗入枝条中心后可以使用。有些企业将浸泡后的枝条再进行蒸煮，确保枝条中心水分渗入，防止"夹干"导致灭菌不彻底。

二、制作木屑料

木屑50%，玉米芯29%，麸皮20%，石灰1%，含水量63%，pH值6~6.5。

三、装袋

将塑料袋装入适量木屑料，避免枝条刺破袋底，再放入枝条，撒上木屑料，尽量使木屑料充满枝条间隙，最后在枝条上面覆盖一层木屑料，套紧颈圈，插入打孔棒，盖上塑料盖。

四、灭菌

采用高压灭菌，灭菌温度121℃，灭菌时间2h。

灭菌后的枝条菌种

长满的枝条菌种

第四节　液体菌种

液体菌种有多种制作形式，有固体液化菌种、还原型菌种和发酵罐式液体菌种，发酵罐式液体菌种又分为韩式发酵罐和中式发酵罐。目前，国内广泛应用的液体菌种形式是发酵罐式液体菌种，本文对该模式进行简单介绍。

国内大型真姬菇工厂化生产企业使用固体菌种的主要有上海丰科生物科技股份有限公司、江苏品品鲜生物科技股份有限公司和上海光明森源生物科技有限公司，使用液体菌种的主要有江苏菇本堂生物科技股份有限公司、上海雪榕生物科技股份有限公司、江苏润正生物科技有限公司和江苏友康生态科技有限公司。

与固体菌种相比，液体菌种更加节约成本，综合效益提高15%以上。目前，真姬菇液体菌种生产工艺和生产技术已经相对成熟。液体菌种主要有以下优点。

一、液体菌种特点及主要类型

1. 液体菌种特点

（1）生产周期短，切换速度快　固体菌种发菌需要30～60d，而液体发酵罐菌种培养仅需7～9d就可使用。如果更换1个新品种，从试管种开始，固体菌种一般需要4～6个月的时间，而同样条件下液体菌种仅需30～35d。

（2）菌种培养面积少　液体菌种发酵罐占地面积仅为固体菌种的1/3。同样10万瓶的接种量，固体菌种需要的面积大约在600m²，而液体菌种仅需要200m²。

（3）便于观察和控制污染　固体菌种所需数量很多，很难对每一瓶进行检查，而液体菌种所需要的发酵罐数量少，可以对每罐发酵罐进行检测。

（4）菌种的制备成本低廉　液体菌种制作菌种的原材料费用约为固体菌种的1/3，制作液体菌种所需要人工约为固体菌种的1/2。

（5）接种效率高，省人工　瓶栽真姬菇液体接种机的价格约为固体接种机的1/2，液体接种机接种速度7 000～8 000瓶/h，固体接种机接种速度为3 500～4 000瓶/h。袋栽真姬菇尚未开发出固体接种机，液体接种机价格较低，10万~20万元/台，接种速度4 000袋/h左右。

（6）萌发速度快，污染率低　液体菌种以液体形态存在，流经区域均可萌发，具有流动性好、发菌点多的特点。真姬菇液体菌种接种后，仅需24h即可长满培养基上表面，又称"封面"，同时，污染率很低。

（7）缩短栽培周期　培养周期缩短10%以上。

（8）出菇整齐　发酵罐中的菌种，菌丝的生理成熟度较一致，后期出菇较固体菌种整齐。使用液体菌种的主要缺点为对设施依赖性强、不能停电；二是对设备要求高，不能出现故障；三是对技术要求高，尤其是杂菌污染的实时快速检测；四是存在菌种变异不能及时检测的风险。

2. 液体菌种主要类型

（1）三角瓶液体菌种　由试管母种或平皿母种直接转接到液体三角瓶培养基中培养而来。制作培养基时在三角瓶内放入磁转子再灭菌，灭菌结束冷却至22℃接入母种，放入摇床培养，接入发酵罐前使用磁力搅拌器将菌丝打碎。

摇床培养

培养好的菌种

（2）整体灭菌式发酵罐　整体灭菌式发酵罐又称韩式发酵罐，最主要特点是靠外源蒸汽透过罐体对液体培养基加热灭菌，也就是需要将整个发酵罐推入高压灭菌锅进行灭菌，这种模式的主要优点为灭菌彻底，罐与罐之间的一致性更高，缺点主要是需要购买高压灭菌锅，操作稍复杂，需要根据工艺要求频繁移动发酵罐。

整体灭菌式发酵罐制作工艺如下。

整体灭菌式发酵罐制作工艺流程图

配料

灭菌

冷却

接三角瓶菌种

培养

成熟

配料　配料应提前将各物料充分溶解，过滤掉粗颗粒和杂质后，再加入到发酵罐中。

细菌过滤器

灭菌　灭菌将发酵罐推入灭菌锅启动灭菌程序后，锅内温度达到100℃一般需要维持60min左右，再升温到121℃灭菌90～120min。灭菌时发酵罐排气阀要处于开启状态，其他管路阀门需要用夹子夹紧，防止培养基倒流污染细菌过滤器，细菌过滤器选用Sartorius Midisart 2000 0.2μm规格，一般6 000h更换，也可以使用其他型号的细菌过滤器。

冷却　冷却通过罐体淋水和通气搅拌的方式冷却。灭菌结束后应趁热将发酵罐拉入冷却室，通入无菌空气，保持发酵罐正压，防止因冷却造成罐体负压倒吸导致的污染。

接种　接种使用火焰接种法接种，接种时要快，减少打开接种盖的时间。

培养　培养在净化车间内恒温培养。

（3）中式发酵罐　中式发酵罐与韩式发酵罐相比，不需要推入灭菌锅内进行灭菌，而是直接将蒸汽通入发酵罐内对培养基进行原位灭菌，具有投资少，操作简单的优点。除灭菌操作外，其他操作与韩式发酵罐类似，不再一一列举。

中式发酵罐

二、液体菌种的检查

1.培养过程中的观察

（1）菌液颜色　菌液的颜色会随着培养时间而变化，且与培养基成分有关，一般前期菌液比较混浊，后期呈澄清状态。如果在培养过程中过早出现菌丝球，则有可能是被霉菌污染；出现乳白色混浊或异样颜色，则有可能被细菌污染。

杂菌污染后的液体菌种形态

（2）菌液气味　发酵罐出气口排出的气味，在菌种培养前期为糖的味道，随着时间的变化，罐内菌丝量的增加，则会出现菌丝的味道，不同品种出现的气味不同。在培养过程中出现其他不同的气味，则有可能被污染。

（3）CO_2浓度　通过监测不同培养阶段排出的CO_2浓度，可以检测菌液的生长是否正常，如果CO_2浓度突然升高，则有可能被污染。

（4）菌丝形态　不同的品种菌丝在培养过程中则会表现出不同的形态，如果在培养过程中，菌丝呈现出不同寻常的形态，则菌液有可能被污染。

2.取样后检测

（1）菌液pH值　培养基质相同的情况下，菌液的pH值变化曲线稳定。

（2）菌丝量　菌丝量可作为检测菌丝生长是否正常的一项重要指标。菌丝量的多少与培养时间、培养基质、培养温度及接入菌种量有关。

（3）菌丝静置情况　液体菌种菌丝培养至第5d时，处于生长对数期，菌丝生长最快，随后生长速度将有所降低，当菌液取出静置后不分层，菌丝与液体完全融合，这时的菌种适合接入栽培料中。

（4）菌液染色镜检　显微镜可以观察菌丝形态及细菌感染情况，查看菌球边缘菌丝分析的细密程度，锁状联合的数量，是否出现原生质体，细胞内是否出现空泡等现象，可以判断菌种的活力情况。同时，还可以观察培养液中营养颗粒的吸收状况。

（5）酚红培养基检测　酚红培养基能够很直观地检测菌液是否被污染，但由于需要24～48h的培养期，需要在液体菌种使用前至少24h取样检测。

第五节　菌种保藏

菌种退化和老化是菌种生产中最严重、最突出的问题，相关研究表明，食用菌菌丝细胞突变率高达1/167。因此，想要在较长的时间内保持菌种的优良种性，应该在保藏过程中尽量减少其细胞生长和分裂次数，长期保藏方式主要有液氮保藏、超低温冰箱保藏，短期保藏方式主要是4℃冰箱保藏。

液氮罐

程序降温仪

液氮保藏是世界公认的食用菌种质长期保藏方法。上海市农业科学院食用菌研究所采用液氮为上海丰科生物科技股份有限公司保藏真姬菇菌种已经19年，至今仍保持种性完好。

液氮罐内部　　　　　　　　　　超低温冰箱与超净台

第四章 真姬菇瓶栽模式

真姬菇瓶栽模式最早由上海丰科生物科技股份有限公司于2001年引进，采用850mL规格的瓶子进行种植，商品名为蟹味菇和白玉菇，后有福建神农菇业股份有限公司等企业采用塑料袋进行栽培，商品名为海鲜菇。

第一节 真姬菇瓶栽模式工厂设计

一、工艺流程

以液体菌种栽培模式为例，瓶栽真姬菇生产流程如下。

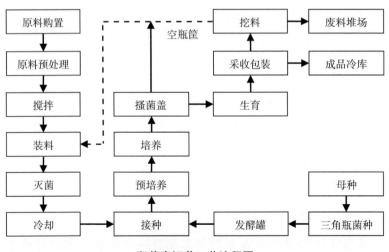

瓶栽真姬菇工艺流程图

二、工厂选址

对于企业而言，建造工厂最重要的目的就是盈利，并实现利润最大化。为达到这一目的，最重要的途径有两种：一是降低成本，二是提升品质，因此，工厂的选址也是紧紧围绕这两个途径进行的。

1. 区位优势明显，交通便利

工厂选址应靠近产品的目标市场，如果有多个目标市场，至少靠近其中之一或最主要目标市场；综合考虑土地成本、原辅料成本、能源成本、人工成本、交通运输成本等；选址最好在市郊，离城市太近，工人生活成本高，离城市太远，不利于吸引中高层人才。如果附近有电厂，还可以有效降低能源成本。

2. 园区配套设施相对完善

因为公司正常生产需要大量的水和电，如果经常性的停水和停电，将会给食用菌正常生产带来巨大的困扰，有时甚至造成灾难性的后果，如果园区有条件，一定要选择双回路供电。

3. 无影响产品质量的污染源

工厂周边3km内无生物发酵企业、畜禽养殖区及空气灰尘污染严重的钢铁、水泥等建材企业、大型的垃圾处理厂等。

4. 当地政府的支持

当地政府的扶持包括土地支持、项目支持、贷款扶持等。政府的积极政策，有利于加快工厂的建设进程，缓解建厂初期的资金压力。

三、厂房设计

1. 关注全局，放眼长远，因地制宜

从事实体经济的企业家们大多都有一个梦想，那就是将企业

经营成为"百年老店"，因此，从最开始的设计就需要从全局出发来考虑整个厂房的布局，根据短期、中期、长期目标，制定出厂房的一期、二期及长期土地使用规划，避免出现"脑袋一热随便盖，一旦上马随意改"的现象；工厂设计时，要充分考虑到该地块的特征，并充分利用该地块的特征，力争做到在同等大小地块上做出更大的产出。

2. 工艺流畅，布局合理

"设计定基因，执行定发育"，工厂工艺是整个设计的重中之重。食用菌工厂所必备的区域有锅炉房、变电室、仓库、木屑堆场、装瓶区、灭菌区、冷却区、接种区、培养区、搔菌区、栽培区、采收包装区、冷库、挖瓶区、设备部等。合理的工艺布局利于污染防治，还可以降低工厂的运行成本。

注意事项　一是，堆场和装瓶区放在下风向；二是，洁净区与一般作业区的人员流动、物品流动一定要分开；三是，降低物流的半径，减少人工及搬运器具的距离；四是，减少能源的消耗，提高能源综合利用率，变配电设计在最主要的用电区位置，生育室等的冷量进行有效回收，锅炉房离灭菌区尽可能近，对灭菌过程中产生的热水、废蒸汽进行热量回收等。

3. 基建配置合理，不选贵的，只选对的

基建是建造食用菌工厂投入最大的一部分，也是实现"百年基业"的物质保障；目前，工厂化种植食用菌的工厂建筑结构主要有混凝土结构和彩钢结构，这两种结构各有优缺点，混凝土结构主要的优点是坚固，使用年限长、保温性能好、防火性能好，缺点是建造和投产速度慢；彩钢结构主要的优点是建造和投产速度快，初投资成本略低，缺点是防火性能较差；随着食用菌产业从快速增长期到稳定增长期的过渡，扩张速度的要求已不再急迫。消防安全是工厂的基石，因此，应尽量采用钢筋混凝土结构。

4. 安全生产

俗话说："安全是天，生死攸关"，安全工作是关系到企业发展，关系广大职工生命和财产安全的头等大事。安全效益的间接性、滞后性使企业组织生产时，感觉不到安全效益，但当发生事故时，造成的负面影响非常大，企业短时间内无法恢复生产，上下游客户的大量流失，错失发展良机，因此，要对安全足够的重视与敬畏，从工厂设计、建筑施工、组织生产均应严格按照相关的管理规范严格执行。按照规范要求，配备足够的灭火设施，包括足够的灭火器、消火栓、喷淋装置等，并定期培训，确保相关人员能够正确使用。

食用菌工厂最大的隐患是火灾，需要重点防范。食用菌企业发生火灾的案例数不胜数，主要是用电不规范所导致，即便是B1级防火标准的聚氨酯板也不是完全不燃烧，因此，电线、电缆必须要在桥架或线管内，尤其是穿越聚氨酯板时，一定要有套管保护；同时，需要有触电保护，且与使用功率配套，这样不仅能够对人员进行有效保护，也降低了用电不规范导致火灾产生的几率，因为即使有瞬间打火现象，触电保护器会快速切断电源，防止了持续性打火的产生。

四、设施设备选型

1. 地坪选择

目前，食用菌工厂经常使用的地面有水泥地坪、金刚砂耐磨地坪、环氧自流平地坪、水磨石地坪、钢化地坪等，具体参数如下表所示。

表　不同地坪性能指标对比

	产　品	环氧地坪	耐磨地坪	水磨石	PVC地板	钢化地坪
产品性能指标	防尘效果	无尘	减少灰尘	减少灰尘	无尘	无尘
	耐磨性	2～3	4～6	3～3	2～1	6以上
	莫氏硬度	2～3	7～8	4～5	2～8	7以上
	抗老化	3～5年	10年以上	5～8年	2～3年	20年以上
	造价（元/m²）	60～400	15～45	40～300	120～300	25～40
	基本要求	要做防水层	只能用在新地面	无要求	要做防水层	新旧地面都可用
	易损程度	易起壳，易留划痕，越来越旧	有脱壳现象，维修麻烦，易留黑色划痕	灰尘越用越多，重物碾压易破损	易剥落，易磨损	难磨损，不起壳，使用时间越长越光亮
	使用寿命	2～5年	与建筑物同周期	3～5年更换	2～3年更换	与建筑物同周期
	应用范围	高清洁度房间	对表面硬度和耐冲击要求高的房间	学校、轻工业厂房等	地铁、火车、医院等	工业厂房、大卖场、仓储物流中心、车库

从洁净区要求上来讲，环氧自流平地坪无疑是最好的，但是其造价高昂、易于损坏、难于修补，如果使用中产生破损点，破损点遇水后就会从破损点开始起泡脱落，若不及时修复，最终将全部报废；PVC地坪比较易剥落、磨损，不建议使用；水磨石地坪在重物碾压下也易于破损，不建议使用；钢化地坪是最近几年刚兴起的一种地坪，原理是通过设备研磨将混凝土的毛细孔打开，再喷洒密封硬化剂，通过硬化剂材料与混凝土中的硅酸盐发生化学反应，增加地面的硬度、密实度，从而达到不起沙、光亮等特点，莫氏硬度可达到7以上，是目前造价最低、最耐用的地坪；综上，基于钢化地坪

造价低、施工方便、不易损坏、易于保养等优点，因此，在食用菌工厂全面采用钢化地坪。

环氧地坪

钢化地坪

2. 保温材料选择

保温厂房包含实验室、发酵罐冷却室、发酵罐接种室、预冷室、冷却室、接种室、培养室、生育室等功能区，这些功能区的房间与房间之间的墙体一般会采用夹芯板，符合消防要求的夹芯板主要性能对比见下表。

表　不同夹芯板性能指标对比

产　品		聚氨酯夹芯板	不老泡夹芯板（PROPOR）	岩棉夹芯板	玻璃丝棉夹芯板
产品性能指标	导热系数（W/m·k）	0.022	0.041	0.046	0.058
	阻燃性能	B1级	A级	A级	A级
	容重（kg/m³）	40	30	120	64
	抗压强度（kPa）	>220	>100	较易变形	易变形

（续表）

产 品		聚氨酯夹芯板	不老泡夹芯板（PROPOR）	岩棉夹芯板	玻璃丝棉夹芯板
产品性能指标	吸水率（%）	<4	<4	易吸水	易吸水
	尺寸稳定系数（%）	<0.5	<3	密度较大，尺寸不稳定	强度较差，尺寸不稳定

聚氨酯夹芯板

不老泡夹芯板

岩棉夹芯板

多种型号的保温板

全自动聚氨酯板生产线

聚氨酯板 　　　　　　　　　　　自动发泡段自动切割段

耐火实验仅表层烧黑

使用B1级聚氨酯板，如果必须使用更耐火的A级防火材料，则推荐使用不老泡夹芯板，经常会使用消毒剂进行地面和墙体消毒的区域，墙面板尽可能选择SUS304不锈钢材质，考虑造价，也可以只在最易产生腐蚀的预冷室等区域使用。

3.设备选型

食用菌工厂的设备就如同人体的骨骼，撑起整个生产的骨架。设备选型要与产能匹配，在资金允许情况下，尽可能选用机械化程度高、故障率低的设备。主要包括供电设备、制冷通风设备、空压设备、加湿设备、生产设备、仓储物流设备等。

随着人力成本的大幅上升以及新技术、新产品的不断研发，全智能化瓶栽和袋栽设备的将会涌现，新型的24h无人工厂将会出现，厂房设计与设备选型将会有新的变化。

（1）栽培瓶选型　我国真姬菇工厂化栽培最早的是上海丰科生物科技股份有限公司，所用栽培瓶通过上海市农业科学院食用菌研究所自日本引进，最初栽培瓶的容积均为850mL，随着国内对这一技术的吸收、改进，栽培瓶容积分别向更大或者更小的两极演变。截至目前，主要形成如下6种规格，列下表进行比较。

表　不同规格栽培瓶优缺点

瓶子规格（mL）	瓶/筐	代表厂家	优　点	缺　点
630	25	青岛丰科	目标单产125g，1瓶一盒，包装漂亮，市场竞争力较强	瓶子投资成本大；不适合液体菌种使用，中间瓶子热量很难散发出来，易形成烧菌现象；出菇需一筐分成两筐，增加工序；不适合海鲜菇，营养少，菇长不高
720	25	河北光明	目标单产150g，1瓶一盒，兼顾125g和150g，包装较漂亮	瓶子投资成本大；不适合液体菌种使用，中间瓶子难散热，易形成烧菌现象；目前125g包装充分占领市场，150g包装形式市场竞争力不强
850	16	上海丰科	目标单产160g以上，目前实际单产已经高于此单产	包装成品时需要大量拆分，费人工，装盒后美观度下降
1 100	16	菇本堂/雪榕	目标单产200g以上，品种适应广；适合液体菌种	包装成品时需要大量拆分，费人工，装盒后美观度下降，但好于850mL模式
1 450	16	福建神农	海鲜菇，目标单产350g以上，适合液体菌种	只能做海鲜菇
1 800	16	山东雪榕	海鲜菇，目标单产500g以上，适合液体菌种	只能做海鲜菇；瓶子体积太大瓶口易变形、损坏

采用瓶子的规格可以反映出公司对产品的定位，选择小瓶子（低于850mL），一般是定位超市或者出口；采用125g小盒装形式，其产品定价一般比2kg或2.5kg大包装产品高2~4元/kg，走的

不同规格的栽培瓶

是高端、差异化路线；选择2kg或2.5kg大包装定位于菜市场和餐饮业，走的是平民化、低成本路线，更注重单位生产成本的降低。

真姬菇属于大型真菌，通过分解培养基中的营养物质来获得自身的营养，这一过程中需要吸入大量的O_2，呼出CO_2，因此，真姬菇对O_2有较大需求，对瓶盖透气性要求较高。目前，市场上主要有3种类型的盖子，即海绵作为过滤层、无纺布作为过滤层和无过滤层的盖子。由于真姬菇培养周期在75~120d，比金针菇20~25d长了2~5倍，如果没有过滤装置，具有一定的污染风险，也容易导致培养料表面干燥，导致后期出菇困难，因此，有必要加过滤装置。

无海绵过滤的瓶盖

瓶、盖、筐是工厂生产的最小单位，是机械化生产的基础材料，瓶、盖、筐制作的精度一定要高，误差要小，只有这样才能有效降低装瓶机、接种机、搔菌机、挖瓶机等在使用过程中的故障率，在生产过程中才能减少因机械设备故障

有过滤装置的瓶盖

引起的误工、窝工，乃至产品品质下降，极端情况甚至报废、颗粒无收。

（2）制冷系统　在中国食用菌工厂化刚开始起步的时候，生产规模较小，投入资金有限，几乎全部采用的是分体式制冷机，随着食用菌工厂规模的扩大，开始有食用菌企业采用中央空调制冷系统，现在新建的食用菌工厂都会将中央空调作为首选。

分体式制冷机　分体机是指小型直膨式制冷机组，在食用菌工厂中每一个培养室或者生育室配备1台或多台制冷机，通常分体机安装在菇房的外侧。压缩机将冷媒由气态压缩成液态，同时通过冷凝器将热量释放，一般采用空气或者水冷却塔进行冷却；液态冷媒流到末端蒸发器，完成冷量交换后，液态冷媒变成气态，重新流回到压缩机。

中央空调　又称为中央制冷系统，中央空调的制冷主机是大型制冷机组，通常是多个制冷机组并联，需要配备专用的大型制冷机房，现在中央空调的制冷机组大多选用螺杆式制冷机组或离心式制冷机组，冷凝方式为水冷，室外配有大型冷却塔，冷量通过管道输送到系统末端，真姬菇工厂通常采用水溶液做载冷剂（冷媒），制冷末端（房间）是冷风机。

分体式制冷机外机

分体式制冷机内机

中央制冷系统

制冷机组水处理系统

中央制冷系统管道

制冷内机

中央空调相比分体机的优点

（1）运行成本低　早期的食用菌工厂一般规模较小，起步阶段要求初投资尽可能少，且对制冷的灵活性要求较高，故常采用分体式制冷机，但随着新建工厂规模的扩大，大型制冷机能够有效降低能耗，降低运行成本。2012年以后新建工厂，陆续都采用了大型中央制冷机组，集中制冷的方式。

（2）便于管理和维护　分体式制冷机组数目多，日产10万瓶的中型真姬菇工厂需要安装的分体式制冷机组就达到100台以上，且这些制冷机组分布于整个厂区，日常维护的工作量非常大，而中央空调制冷系统的主要设备都集中在制冷机房，便于维护和管理。

（3）控温精准　食用菌工厂的中央空调在末端进入每个房间的进水管道上安装有精准的电动调节阀，可以精准地控制菇房温度，控制精度最小可以达到±0.1℃，这是分体机无法相比的。

（3）加湿器选型 湿度是维持食用菌正常生长的必不可少的组成部分，真姬菇种植过程中，无论是培养房还是生育室均需加湿，目前在食用菌工厂中主流的加湿器主要有三种，即超声波加湿器、高压微雾加湿器和二流体加湿器。三种加湿器优缺点见下表。

表 不同加湿器优缺点比较

项目 \ 产品	二流体加湿器	超高压水流喷雾加湿器	电子式超声波震荡加湿器
产雾能力	较大	大	小
喷雾效率	高	高	低
喷雾粒径	较小	大	小
水质要求	5μ以上过滤水	5μ以上过滤水	纯水
操作水压要求	2～5bar	100～200bar	0.5bar以上
压缩空气	3～6bar	无	无
喷头（震荡）使用寿命	长	耗材	短
基本控制方式	比例式或时序控制	时序控制	时序控制
购置/安装成本（20kg/h以上）	中	高	非常高
使用/维护成本	低	中	高

超声波加湿器

高压微雾加湿器

目前，真姬菇工厂中培养房通常采用二流体加湿器加湿，因真姬菇现蕾过程中对加湿颗粒度要求较高，所以目前绝大部分工厂在生育室内依然采用超声波加湿器，也有一部分技术上较为激进的厂家在生育室也选用了二流体加湿器。

二流体加湿器

（4）照明设备　原辅料仓库、成品仓库需配备防爆灯。培养房、生育室最早采用的是日光灯，投资大、能耗高、寿命短，近10年来，随着LED灯技术的不断成熟，成本越来越低，现在工厂均采用的LED灯管或灯条照明，节约电能可达50%以上。

LED灯节能灯管

（5）生产设备　日本设备设计精巧、使用较为精准，但效率较低，在我国真姬菇生产最初的10年，是国内厂家基本采用的设备；随着韩国液体菌种技术在金针菇栽培种的普及，韩国设备已经成为金针菇生产的主流设备，韩国设备在效率上具有压倒式的优势，目前，由于绝大多数韩国设备实现了国产化，价格也相对低廉，随着金针菇、真姬菇技术的相互融合，现在很多厂家陆续在采用韩国设备。

韩式装瓶机

日式装瓶机

（6）灭菌器　灭菌器最早自日本引进，后由上海浦东天厨菇业有限公司委托连云港国鑫（千樱）开发了国内第一台食用菌专用灭菌器，在日本灭菌器的基础上增加了抽真空功能，从此开启了灭菌器国产化道路。现国

方形高压灭菌锅

内技术已经非常成熟，有多家企业生产，可根据需求自行采购。

（7）供电系统　供电系统对于食用菌工厂，就像人体中的心脏，一旦停止，后果将不堪设想。如果当地园区条件，首选双回路供电，双回路供电是指二个变电所或一个变电所二个仓位出来的同等电压的二条线路。当一条线路有故障停电时，另一条线路可以马上切换投入使用。如果工厂无法配备双电源供电，那么可购置一定数量的备用发电设备；或者提前寻找当地的发电机租赁业务厂家，一旦停电，可以紧急联系他们提供服务。

备用发电机组

第二节　白玉菇瓶栽模式

一、原材料搅拌

搅拌是指按照生产配方进行备料，将不同原材料分先后顺序依次倒入搅拌锅中，并通过机械搅拌使之混合均匀的过程。搅拌有两个作用，一个是使物料充分混匀；另一个是实现被搅拌原材料在最短的时间内吸取大量的水分，尤其是提高培养料自身的持水能力。

搅拌锅

干原料优先倒入搅拌锅，开启搅拌锅搅拌15min，使干的物料优先混匀，然后再倒入预湿的原料，最后用定量加水器进行加水，一边加水一边搅拌，加水完成后继续搅拌45min左右。因受木屑等原材料含水量不稳定影响，加水量要在搅拌过程中适当调整使原料含水量达到指定要求。衡量搅拌效果成败的关键点主要有两个，一个是搅拌均一性，不能存在死角；另一个是确保在搅拌的过程中不会使原材料酸败。搅拌均一性的实现主要靠搅拌机本身的性能和搅拌时间，引起酸败的主要原因是在高温的季节微生物快速繁殖。

现在也有一些大型工厂，将所用干的原材料预先混合好，以减少现场干搅拌时间，提升搅拌效率，同时也可以对自己的生产配方起到保密作用。

二、装瓶

装瓶是指经过一系列的传输、振动，将新鲜的培养料装入栽培瓶中，并盖上瓶盖的过程。这一过程看似简单，但技术要求非常多。

装瓶机上筐段

装瓶机装料、压盖段

1. 装瓶重量及松紧度

850mL的塑料瓶装填内容物的重量一般在520～550g，1 100mL的塑料瓶内容物重量一般在660～700g，瓶与瓶之间的重量偏差不能太大，一般日本机器能够控制在30g范围内，而韩国设备能够控制在50g范围内。装料重量不是一个绝对的标准，由于培养基原辅材料性状不同，配好的培养料比重会有较大的变化，因此，应按培养料容重的变化进行装瓶，更为科学。装瓶之后，培养料的松紧率（硬度）和孔隙度也极为关键，一般应上紧下松，便于同时发菌。装好的培养基在瓶肩没有孔隙且稍微松软一些为好，瓶肩处留有空隙，菌丝培养后期会在瓶肩处出菇，影响真姬菇产量和品质。装料过紧，菌丝生长明显缓慢，培养周期延长，严重时明显影响产量。

2. 装瓶料面高度及平整度

料面与瓶盖的距离为10～15mm，如果距离太近，易造成菌丝缺氧导致生长速度变慢；如果距离太远，在培养房湿度不够的情况下，菌丝容易干燥，导致出菇困难。培养房湿度大时容易导致气生菌丝生长过旺，并在培养后期提早现蕾，在搔菌时这些芽将会全部搔掉，浪费营养，影响单产。

3. 打孔数量及粗度

固体菌种一般打1孔，液体菌种通常打3～5孔，操作时打孔棒要求旋转打孔，否则易造成气缸劳损且增加能耗。

从生长速度来看，5孔生长速度明显快于1孔，主要原因为接种时菌种可以更多地流入到培养基的内部，菌种萌发点更多，因此也生长得更快；同时，由于有更多的孔，有利于培养基中菌丝的呼吸。

生长速度不是越快越好，生长速度快意味着单位时间内发热量更大，呼出的CO_2浓度更高，对制冷、通风的要求也更高，如果制冷通风不能满足要求，往往会造成"烧菌"现象，影响培养效果，进而影响栽培产量，因此在制冷通风条件差的情况下让其生长速度慢一点反而不容易出现问题。

如果采用单孔打孔，则打孔轴的粗度应该在22～25mm，孔径变细之后，孔壁、孔底部上留存的菌种量变少，甚至菌种不能达到底部，不能形成从底部向上发菌的情形。

打孔完成后，要求料面光滑，瓶底见光，不塌料。

4. 含水量的控制

不同企业配方中添加的木屑树种、颗粒度、比例不同，所以前处理的时间上也不能相同，同样含水量的控制也不同。一方面，必须有足够的含水量，能满足真姬菇生长周期内对水分的要求；另一方面，栽培瓶底部不能够出现水渍状。

必须说明的是：食用菌最佳的栽培料含水量是指灭菌后栽培容器内栽培料的含水量。灭菌前后栽培料的含水量会有所差别，这与使用灭菌锅的锅型有关。通常，高压灭菌后栽培料含水量会低于灭菌前1%～1.5%，常压灭菌锅则相反，会高于灭菌前0.2%～0.5%，生产中应仔细测试灭菌过程中的含水量变化。

5. pH的控制

栽培料在干燥状态时，其表面的微生物呈休眠状态，一旦进入搅拌工序，加入水分，微生物即快速增殖。搅拌过程也是栽培料颗粒摩擦的过程，摩擦产生热量，提升搅拌料的温度，促进微生物增殖，并产生有机酸，引起栽培料酸败，pH下降。夏季气温高，更会加剧栽培料酸败。

为控制灭菌前微生物自繁量，可增加石灰或轻质碳酸钙用量，要尽量缩短搅拌加水到灭菌的时间，尽可能保证从开始搅拌到栽培包进入灭菌锅的时间在150min内。企业每日生产量是固定的，灭菌时间也是固定的，对于规模栽培企业必须计划好装瓶量和装瓶时间，轮流使用灭菌锅，相互间要衔接，避免装瓶后长时间堆放。在夏季，为避免栽培料酸败，部分企业在装瓶车间内安装有大功率制冷机，对灭菌小车上的栽培包进行临时性强制制冷。

三、灭菌

装瓶后的栽培瓶推入高压灭菌锅中，培养料经过高温高压蒸煮，杀死所有生物，培养料充分腐熟。

培养基灭菌主要有三个目的，一是利用高温、高压将培养料中的微生物（含孢子）全部杀死，使培养料处于无菌的状态；二是使培养料经过高温高压后，一些大分子物质如纤维素、半纤维素等进行降解，有利于菌丝的分解与吸收；三是排出培养基在

装瓶完毕送入灭菌锅灭菌

拌料至灭菌过程中产生的有害气体。灭菌过程主要有以下注意点。

灭菌锅内的数量和密度按规定放置，如果放置数量过大、密度过高，蒸汽穿透力受到影响，灭菌时间要相对延长。

在消毒灭菌前期，尤其是高温季节，应用大蒸汽或猛火升温，尽快使料温达到100℃，如果长时间消毒锅内温度达不到100℃，培养料仍然在酸败，消毒后培养料会变黑，pH值下降，影响发菌和出菇。

高压灭菌在保温灭菌前必须放尽冷气，使消毒锅内温度均匀一致，不留死角，培养料在121℃保持1.5~2h。

如果培养料的配方变化，基质之间的空隙可能会变小或变大，消毒程序也要作相应的修改，否则可能会导致污染或浪费蒸汽。

采用全自动灭菌锅在灭菌结束后，应及时将栽培瓶拉入冷却室，在灭菌锅内冷却会导致负压，吸入脏空气，导致污染。

四、冷却

灭菌结束后，栽培瓶快速移入冷却室中进行冷却，经过8~10h后，栽培瓶内温度下降至20℃以下。整个室内需要万级净化处理，生产期间长期保持正压状态。一般情况下，当日灭菌，次日接种。

由于在冷却的过程中栽培瓶内需要吸入大量冷却室的冷空气，因此冷却室要求十分严格。

冷却室必须每天进行清洁消毒，最好安装空气净化机，至少保持万级的净化度。

冷却室中的制冷机应设置为内循环，要求功率大，降温快，在最短的时间内将栽培瓶降至合适的温度，可减少空气的交换率，降低污染的风险。

冷却室

五、接种

接种是最容易引起污染的环节，因此接种环节是食用菌工厂化生产中控制污染、确保成品率的关键环节。接种环节应注意以下几方面的问题。

接种室必须有空调设备，使室内温度保持18～20℃。

接种室的地面必须易于清理、不起尘。

接种室必须保持一定的正压状态，且新风必须经过高效过滤，室内净化级别为万级，接种机区域净化级别为百级。正压级别为接种室≥冷却室。

接种室必须安装紫外灯或臭氧发生器，对室内定期进行消毒、杀菌，紫外灯安装时注意角度和安装位置，使接种室全面消毒。

接种操作前后相关器皿、工具必须用75%的酒精擦洗、浸泡或火焰灼烧。

接种操作人员必须按无菌操作要求进行操作。

接种前区　　　　　　　　　　　　接种室

六、培养管理

培养必须置于清洁干净、恒温、恒湿，并且能定时通风的环境中。培养一般为三区制，分别对应定植期、生长期和后熟期。

培养室全景

堆叠栽培瓶操作

1.定植期

　　刚接种的栽培瓶容易污染，对环境要求很高，一般在安装有高效新风过滤系统的培养房完成菌丝的定植，要求环境菌落数量少，无螨虫。

　　定植期一般需要培养10～12d，温度22～23℃，湿度70%～80%，CO_2浓度2 500～3 500mg/kg。这段时间菌丝生长速度很快，最快15d便能全部发满，速度比固体种35～40d发满要快很多，但是菌丝很淡，呈灰白色。

接种后0h

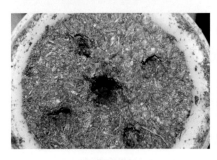

接种后24h

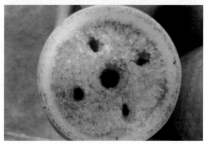

接种后48h

2. 生长期

此阶段是菌丝快速生长，呼出的CO_2量和发热量陡然上升，要特别关注制冷通风设备，确保瓶间温度控制在25℃以下，以免造成烧菌。这段时间菌丝日渐浓密，瓶身颜色也由灰白色转至纯白色。

白玉菇培养第15d

3. 后熟期

真姬菇与金针菇、杏鲍菇等种类不同，菌丝发满后，不能立即出菇，而是需在20~25℃下继续培养50d左右，当达到生理成熟和贮存足够的营养物质时才能出菇。

随着培养时间的延长，培养基的含水量会上升，培养初期含水量65%，培养结束会超过70%，

白玉菇培养第70d

尽管如此，培养室的湿度也非常重要，如果培养基表面失水过多，会严重影响产质量；随着培养时间延长，pH值会逐渐降低至5~5.5，酸碱度不达标，菌丝生理成熟不够。

大多数木腐菌培养阶段污染的主要杂菌有青霉、绿色木霉、根霉、链孢霉、曲霉等，危害很大。

杂菌污染症状与原因

（1）同一灭菌批次的栽培瓶（袋）全部污染杂菌，原因是灭菌不彻底，或高温烧菌。

（2）同一灭菌批次的栽培瓶（袋）部分集中发生杂菌污染，原因是灭菌锅内有死角，温度分布不均匀，部分灭菌不彻底。

（3）以每瓶原种为单位，所接瓶子发生连续污染，原因是原种带杂菌。

（4）随机零星污染杂菌，原因是栽培瓶在冷却过程中吸入了冷空气，或接种、培养时感染杂菌。

七、出菇管理

培养结束后，栽培瓶移出至搔菌室，进行搔菌，搔菌之前需要将感染瓶挑除干净，搔菌后的栽培瓶转入生育室进行出菇管理。

1. 搔菌

真姬菇栽培生产中的搔菌工序非常重要，搔菌有两个作用，一是进行机械刺激，有利出菇；二是搔平培养料表面，使出菇整齐。搔菌的程序依次为：去除瓶盖，将培养料边缘（固体种采用环搔方式）或者表面（液体菌种采用平搔方式）老菌种去除，同时进行补水，根据瓶子大小，一般补水20~30mL。

菇本堂公司生育室自动控制箱

开盖

搔菌

补水

环搔方式中央馒头面要平整，料面无受损现象，边缘搔菌深度比馒头面低5~10mm，边缘不得留有未搔净的老菌种残渣，搔菌后瓶口必须冲洗干净，不留培养料，以免后期采菇时沾上菇柄而影响品质。平搔表面为水平状，深度为15~20mm，搔菌后的瓶盖直接进入装瓶流水线重复使用。搔菌必须均匀一致，搔菌机出现故障无法搔彻底的区域必须手工搔平，因为这些区域在催蕾时最易出菇，导致出菇不整齐，给后期管理带来不便。

环形搔菌

平搔

2. 恢复期

恢复期是指搔菌后，菌丝在瓶口逐步恢复的过程，大致需要3~5d。此时空气相对湿度控制在85%~95%，温度在14~16℃，CO_2浓度在2 000~2 500mg/kg。

搔菌后第1d　　　　　　　　　　搔菌后第3d

注意事项　固体菌种接种的菌瓶搔菌为馒头型搔菌，表面老菌种并未伤害，菌丝恢复较快，液体菌种由于是平搔，表面老菌皮全部去除，所以菌丝恢复慢1～2d。此阶段对湿度要求较高，注意保湿，有条件可覆盖无纺布等设施；此阶段对风速要求不高，可适当降低风速；菌丝恢复期对光照要求不严格，可不给光，也可给间歇式弱光。

3. 催蕾期

催蕾期是指菌丝恢复后，逐步扭结形成原基的过程，大致需要3～5d。此时空气相对湿度控制在85%～92%，温度在14～16℃，CO_2浓度在2 000～2 500mg/kg。

搔菌后第7d　　　　　　　　　　搔菌后第9d

注意事项 催蕾期湿度比菌丝恢复期稍低，拉大栽培瓶料表面湿度差，以促进其现蕾；催蕾期需间歇式给光，否则可能会导致现蕾不整齐或者现蕾困难现象。

4. 现蕾期

现蕾期是指从原基可以观察到至原基长到瓶口的过程，大致需要3~5d。此时空气相对湿度控制在85%~95%，温度在14~16℃，CO_2浓度在2 000~2 500mg/kg。

搔菌后第11d   搔菌后第14d

注意事项 仔细观察原基形成数量，当原基形成数量达到要求后，光照适度降低，加湿适当提高，湿度逐步恢复至与菌丝恢复期基本一致；现蕾中后期光照可适当黑暗，CO_2浓度适当提高，以拉长菇柄长度。

5. 伸长期

现蕾期之后，迅速分化为幼菇，已具有子实体基本样子，此时菌柄迅速增长，菌盖分化速度稍漫，但逐渐增大增厚。此时空气相对湿度控制在95%~100%，温度在14~16℃，CO_2浓度在2 000~2 500mg/kg。

搔菌后第16d　　　　　搔菌后第16d　　　　　搔菌后第18d

注意事项　随着幼菇长大需氧量增加，应适当加大通风，但不能因为加强通风而使温度和湿度发生剧烈波动，否则容易产生瘤盖菇（俗称"盐巴菇"）。

6. 成熟期

子实体快速生长，此时空气相对湿度控制在95%～100%，温度在14～16℃，CO_2浓度在2 000～2 500mg/kg，等待采收。

搔菌后第21d　　　　　　　　搔菌后第23d

八、采收后挖瓶

采收后的栽培瓶应使用自动挖瓶机挖出培养料，瓶筐经过输送带送回装瓶车间待用。损坏的栽培瓶要及时去除，瓶盖要定期更换过滤网。

挖瓶机

废料传送至运输车

第三节　蟹味菇瓶栽模式

一、培养管理

瓶栽蟹味菇培养管理方式与瓶栽白玉菇类似，采用固体菌种，培养期一般为85~100d，采用液体菌种为75~80d；短周期品种的选育是蟹味菇育种的重要方向。随着新品种选育工作的推进，个别新品种培养期可以缩短至65d。

二、出菇管理

1. 恢复期

搔菌后第1~4d是菌丝恢复期，料面菌丝逐渐恢复，由纯白色转为浅灰色。此时空气相对湿度控制在95%~100%，温度在15~16℃，CO_2浓度在2 000~2 500mg/kg。

搔菌后第3d   搔菌后第4d

搔菌后第5d   搔菌后第6d

> **注意事项**　此阶段对湿度要求较高，注意保湿，有条件可覆盖无纺布等设施；此阶段对风速要求不高，可适当降低风速；菌丝恢复期对光照无要求。

2. 催蕾期

搔菌后第5～8d为催蕾期，浅灰色菌丝逐步扭结凸起，形成针头状原基。此时空气相对湿度控制在90%～95%，温度在15～16℃，CO_2浓度在18 000～2 000mg/kg，开启弱光刺激。

搔菌后第7d　　　　　　　　　搔菌后第8d

注意事项　催蕾期湿度比菌丝恢复期稍低，拉大栽培瓶料表面湿度差，以促进其现蕾；催蕾期需间歇式给光或者开启房间顶灯，否则可能会导致现蕾不整齐或者现蕾困难现象。

3. 现蕾期

搔菌后第9～10d为先蕾期，原基逐渐长大，形成菌盖。此时空气相对湿度控制在90%～95%，温度在15～16℃，CO_2浓度在1 800～2 000mg/kg，开启强光刺激（一般开5min，关2h）。

搔菌后第9d　　　　　　　　　搔菌后第10d

┌───┐
注意事项 仔细观察原基形成数量，当原基形成数量达到要求后，关闭光照，加湿适当提高，湿度逐步恢复至与菌丝恢复期基本一致；现蕾中后期光照可适当黑暗，CO_2浓度适当提高，以拉长菇柄长度。
└───┘

4.伸长期

搔菌后第11~20d为伸长期，菌盖颜色开始变深，并开始出现网状斑纹，菌柄逐渐伸长、变粗。此时菌柄迅速增长，菌盖分化速度稍漫，但逐渐增大增厚。此时空气相对湿度控制在98%~100%，温度在14~15℃，CO_2浓度在2 500~3 000mg/kg，开启强光刺激（一般开30min，关30min）。

搔菌后第11d

搔菌后第12d

搔菌后第15d

搔菌后第16d

注意事项　随着幼菇长大需氧量增加，应适当加大通风，但不能因为加强通风而使温度和湿度发生剧烈波动，房间湿度处于饱和状态，否则容易产生瘤盖菇（俗称"盐巴菇"）。

5.成熟期

搔菌后第21～24d为成熟期，此时子实体快速生长，菌盖迅速平展、加厚，盖色变浅，菌柄迅速伸长、加粗。此时空气相对湿度控制在98%～100%，温度在14～15℃，CO_2浓度在2 500～3 000mg/kg，开启强光刺激（一般开15min，关30min），等待采收。

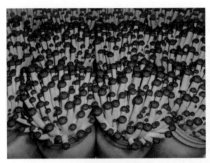
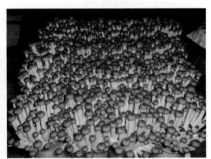

搔菌后第18d　　　　　　　　搔菌后第21d

蟹味菇子实体成熟

第四节　海鲜菇瓶栽模式

一、培养管理

瓶栽海鲜菇的培养与瓶栽白玉菇基本一致，因种植海鲜菇所用的瓶子普遍偏大，所以要特别注意发菌期的温度变化，避免"烧菌"；同时，由于栽培瓶偏大，培养周期要适当延长，一般培养周期在90～120d。

二、出菇管理

1. 恢复期

搔菌后第1～4d为恢复期，表面菌丝逐步恢复，变得浓白。此时空气相对湿度控制在95%～100%，温度在15～16℃，CO_2浓度在2 000～2 500mg/kg，黑暗管理。

> **注意事项**　恢复期对湿度要求高，主要房间内部湿度，此阶段对风速要求不高，可适当降低风速；菌丝恢复期对光照无要求。

搔菌后第4d　　　　　　　　　　搔菌后第5d

搔菌后第6d　　　　　　　　　　　搔菌后第7d

2. 催蕾期

搔菌后第5～8d为催蕾期，菌丝逐步扭结。此时空气相对湿度控制在90%～95%，温度在15～16℃，CO_2浓度在1 800～2 000mg/kg，开启弱光刺激。

搔菌后第8d　　　　　　　　　　　搔菌后第9d

> **注意事项**　催蕾期湿度比菌丝恢复期稍低，拉大栽培瓶料表面湿度差，以促进其现蕾；催蕾期需间歇式给光或者开启房间顶灯，否则可能会导致现蕾不整齐或者现蕾困难现象。

3. 现蕾期

搔菌后第9～10d为现蕾期，原基逐步长大，分化出菌盖。此时空气相对湿度控制在90%～95%，温度在15～16℃，CO_2浓度在1 800～2 000mg/kg，开启强光刺激（一般开5min，关2h）。

搔菌后第11d　　　　　　　　　　搔菌后第12d

注意事项　仔细观察原基形成数量，当原基形成数量达到要求后，关闭光照，加湿适当提高，湿度逐步恢复至与菌丝恢复期基本一致；现蕾中后期光照可适当黑暗，CO_2浓度适当提高，以拉长菇柄长度。

4. 伸长期

搔菌后第11～20d为伸长期，菌盖颜色开始变深，并开始出现网状斑纹，菌柄逐渐伸长、变粗。此时菌柄迅速增长，菌盖分化速度稍漫，但逐渐增大增厚。此时空气相对湿度控制在98%～100%，温度在14～15℃，CO_2浓度在5 000～8 000mg/kg，开启强光刺激（一般开1min，关1h）。

搔菌后第13d　　　　　　　　　　搔菌后第15d

搔菌后第16d

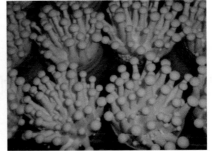

搔菌后第18d

> **注意事项**　随着菇柄伸长对CO_2浓度需求增加，应适当减少通风，促进菇柄生长，同时抑制菇盖发育，房间湿度处于饱和状态，否则容易产生瘤盖菇（俗称"盐巴菇"）。

5. 成熟期

搔菌后第21～24d为成熟期，最后几天，子实体快速生长直至成熟。此时空气相对湿度控制在98%～100%，温度在14～15℃，CO_2浓度在6 000～8 000mg/kg，黑暗管理，等待采收。

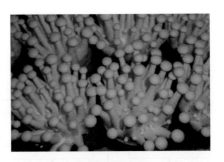

搔菌后第20d

搔菌后第22d

成熟的瓶栽海鲜菇

第五章 真姬菇袋栽模式

第一节 真姬菇袋栽模式工厂设计

一、工艺流程

以液体菌种模式为例，袋栽真姬菇工艺流程如下。

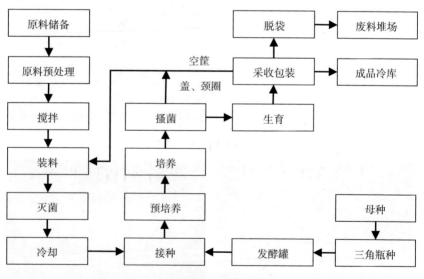

袋栽真姬菇工艺流程

二、图纸布局

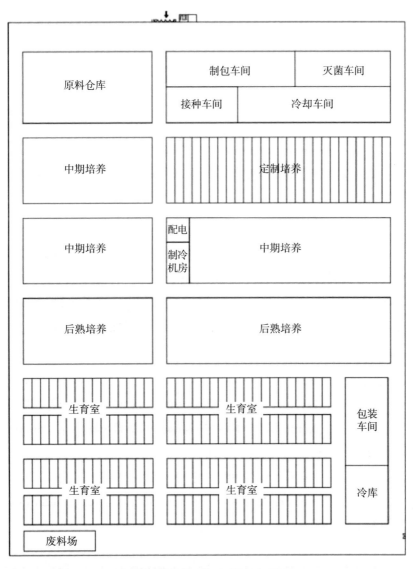

袋栽真姬菇工厂化生产车间示意图

第二节　白玉菇袋栽模式

一、原材料选择

1. 配方

棉籽壳50%，预湿发酵料25%，麸皮19%，玉米粉5%，石灰1%，灭菌后栽培包的含水量63%，pH值6～6.5。

预湿发酵料指的是木屑、玉米芯和甘蔗渣等原材料提前预湿堆积。为降低生产成本，选择工厂周边农业秸秆与产品作为原材料。

2. 预湿料的构成和变化规律

一般来说，配方要做到原材料颗粒比例合理，大颗粒的原材料需要提前预湿发酵。例如，木屑：甘蔗渣：玉米芯=2：1：1（体积比），颗粒偏粗，颗粒以4～8mm为佳。不论何种发酵料的组合都必须做到发酵一周以上，水分达到65%以上，手握用力挤压不出水为准。

3. 原材料标准

（1）预湿发酵料部分

甘蔗渣、秸秆　6～10mm的颗粒>30%；无霉变、泥沙等杂质。

玉米芯　<2mm的碎末<10%；2～6mm的颗粒>60%；4～6mm的颗粒<50%；无霉变；无泥沙等杂质。

备注：由于玉米芯有红色和白色的区别，pH值会有不同。

木屑　<2mm的颗粒<30%；2～6mm的颗粒>40%；8mm的颗粒<10%。

（2）主料部分

棉籽壳　中壳长绒（无棉仁或者少棉仁）；水分<15%；无霉

变；无结块；无泥沙等杂质；pH值6～7.4。

麸皮 大片麸皮；水分：<15%；无霉变；无结块；无泥沙等杂质；pH值6～7。

玉米粉 购买玉米磨成玉米粉，或者参考玉米粉国标。

石灰 杂质13%以下；pH值>12。

4.原材料配制注意事项

配方不论怎么变化，均要保证棉籽壳的含量至少要占到35%以上，不能取消，否则将会造成海鲜菇产量偏低、菇柄空心比例偏多，菇形较差。

本配方棉籽壳在整个配方中占到近一半或者超过一半，由于棉籽壳的量大而且品质又不稳定，棉籽壳的壳绒关系复杂，种类多样，壳与绒的比例关系又直接影响到棉籽壳中的含氮量，特别是其中的氮含量更是差别巨大，含氮量从0.8%至2%以上，棉籽壳的品质稳定直接决定了菌包的品质，菌包的品质直接决定了白玉菇的品质与产量。所以棉籽壳尽量向大型的油脂加工厂采购，在做到物理性状稳定的情况下，再做到一批一检测，根据棉籽壳含氮量的不同对配方进行微调整，使生产的每一批次配料的含氮量处于相同状态。

豆粕和麸皮主要用于调节氮源，其中，麸皮的作用主要是保证氮源的基础含量，从而保证发菌速度。豆粕用于氮源的比例微调。石灰主要调节培养料的酸碱度。

配方中含氮量的不同，会严重影响栽培包后熟时间的一致性，导致开袋搔菌的时机完全依靠人工来判别，基本上是菌包变软后立即开袋搔菌，所以说海鲜

定氮仪

菇栽培中原材料中的含氮量是一个非常关键的指标。

二、原材料搅拌

原材料通过搅拌使其在最短的时间内吸收大量的水分，提高培养料自身的蓄水能力，并使物料混合均匀，同时快速完成装袋和灭菌，避免微生物大量繁殖，致使培养料发酵酸败，改变其理化性质，影响发菌速度和产品质量。

铲车上料

振动筛过滤

虽然搅拌的目的是为了提高培养料自身的持水能力，并使物料混合均匀。但是物料本身存在的各种性质也会对蓄水能力、均匀程度造成非常大的影响。

常见问题及解决方法 带粉的小壳长绒棉籽壳具有一定的黏性，不易打散。所以在同等搅拌时间的前提下，搅拌过程中会对物料均匀程度造成一定的影响。解决方法是选用壳绒比例适当的棉籽壳，兼顾蓄水能力和搅拌均匀度。

新木屑、红色玉米芯的吸水能力较差。所以在搅拌过程中会对栽培料的蓄水能力造成一定的影响。解决方法是对于木屑和玉米芯等物采取提前发酵和预湿处理，使其持水率上升，做到既有高水分、又不会出现水分析出现象。

三、装袋

1.袋子材质的选择

低密度聚乙烯袋和高压聚丙烯袋性质不同，后续的生产工艺和技术调控有较大区别。

（1）低密度聚乙烯袋　无法承受高压灭菌（温度控制不好会出现袋子熔化现象），不适用于大批量工厂化生产，但菌包灭菌后的紧致度上优于聚丙烯袋。由于聚乙烯袋质地较软，在搔菌翻袋时，袋口高度会低于同等规格的聚丙烯袋，对现蕾的整齐度非常有利。

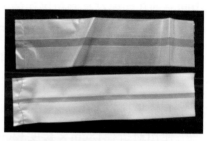

上面的是聚丙烯袋，下面的是聚乙烯袋

塑料袋吹塑机

（2）高压聚丙烯袋　可以进行高压灭菌，适用于大批量工厂化生产，但在菌包灭菌后的紧致度上会比较差，不过通过抽真空灭菌等方法可以提高紧致度。由于质地较硬，在搔菌翻袋时，很难将袋口高度控制在2.5cm以下，现蕾的效果要次于聚乙烯袋。

2.袋子大小的选择

理论上来说，袋子越大，产量将会越高，一是由于袋子变大后装入的栽培料质量较多，二是由于袋口的横截面积较大，所以现蕾面积较大（袋栽与瓶栽不同，因为瓶口变大后会使瓶内的水分散失增大，但袋栽由于套环、盖的原因，反而会使包内水分散失比例减少）。

3. 接种孔保持的方法

袋栽食用菌在栽培料定型上与瓶栽相比要差一些，所以栽培包中间接种孔的保存是制包操作的关键。

一是在盖环之前使用销杆对孔洞进行保护；

二是使用引孔棒，对孔洞进行二次打孔，增强孔洞边缘物料的紧实度。

4. 装袋机的选择

使用对折径18cm × 长度32cm的低压聚乙烯塑料袋（或者是对折径18.5cm × 长度35cm的高压聚丙烯塑料袋）为容器。常规转盘式打包机完成套袋、填料、冲压工序后，需要一位员工取袋。目前，漳州兴宝、黑宝机械在传统打包机顺时针方向，接上一弧形挡板，将栽培包拨到传送带上。操作员工分别坐在两侧，自行完成圈套、插菌棒，塑料塞封口，倒置塑料筐内。该模式节省一位劳力，扩展了工作台面，便于各员工操作。打包结束后，低压聚乙烯袋栽培包高度约15cm，湿重1.1kg左右；高压聚丙烯袋高度18cm，湿重1.3kg。

手动装袋

手工套颈圈和盖盖

全自动装袋机

目前，全自动装袋机已经比较稳定，越来越多的企业开始使用。

自动取袋

自动套袋

自动取颈圈

自动套颈圈

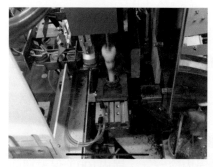

二次打接种预留孔

自动取盖

自动盖盖

自动放入周转筐

自动上灭菌架

待灭菌菌包

四、灭菌

1. 高压灭菌

具体操作规程见高压灭菌容器厂家的说明书。但在灭菌过程中忌灭菌时间过长，忌放气、放压过快。否则将会造成袋中压力过大，而产生涨包现象。

2. 常压灭菌

目前，少部分小型企业使用常压灭菌，常压灭菌锅一般为企业自制，使用常压灭菌必须保证排尽锅内冷空气，锅内100℃保温期间不能掉温，否则导致灭菌不彻底，出现批量污染。

高压锅外门

高压锅内门

由集装箱改成的常压灭菌锅

灭菌温度计

五、冷却

灭菌结束后拉入冷却室对菌包进行冷却，根据地域和季节的不同，可以先使用过滤新风自然冷却，再使用制冷机强制冷却。

冷却室

六、接种

当菌包冷却至25℃时，移入接种室内进行接种，接种室温度控制在20℃以下，接种位置处于百级层流罩下方，确保无杂菌进入菌包。

接种前下架机接种完毕

上培养架机

手工接液体菌种

自动接种机接液体菌种

七、培养管理

海鲜菇培养期分为：定植期、生长期、后熟（营养积累）期。

1. 定植期

接种后10d内，无须补新风，尽量减少库房内空气流动。培养室温度控制在22～24℃、湿度为60%～70%，CO_2浓度低于3 000mg/kg。

培养室

定植期

注意事项　本阶段必须控制通风，否则可能会造成污染。

2. 生长期

定植后菌丝开始迅速蔓延、降解栽培料，新陈代谢逐渐旺盛，释放出CO_2、水及大量的菌丝呼吸热，导致包温急速上升，应加强库内的空气内循环，进行通风换气。早晚观察、记录。栽培袋内温度不能超过25℃，并检查是否有污染包，并及时处理，查找原因加以改进。

菌丝盖面

生长期

> **注意事项**　此阶段应着重注意包内料温，若是出现料温经常高于26℃。便可能会在培养后期出现假后熟状态。菌袋会提前出现略黄、偏软，但在出菇时又会呈现出与后熟出菇完全相反的出菇状态，会出现徒生芽较多，菇柄较软等诸多不合理现象。

3. 后熟期

白玉菇菌丝蔓延速度比较慢，大致需要35d才能够长满栽培包。长满后栽培包还需要50～60d后熟培养，才能够达到生理成熟。后熟培养期间，提高培养室温度至23～25℃，还需要补充大量新鲜空气，满足栽培包

后熟期

的新陈代谢，呼吸时对氧气的需求。菌丝对栽培料的降解、能量积累，菌包含氮量上升，含水量上升至70%～72%（降解代谢过程产生水），干物质减少，前期pH值降低，后期pH值上升。栽培包内的空间湿度较高，CO_2浓度偏高，刺激海鲜菇菌丝向上冒，故气生菌丝旺盛，栽培包变软，用手按之形成洼陷，培养料的颜色由土黄色转为黄白色，标志后熟结束，进入开袋搔菌期。

白玉菇属于典型的白腐生菌类，对栽培料内木质素进行降解，逐渐将栽培料转变成黄白色，这种黄白色，表示栽培包内的菌丝量积累很多，即生物量的积累，有了积累才有高产的可能。

八、成熟指标

1. 水分

开袋的时候水分上升至70%±1%左右，且上中下的水分均匀，

差值在1.5%以内。

2. 酸碱度

pH值下降至为5.2～5.6，袋
内各部分pH值比较接近，底部
的pH值略高，一般比中间高出
0.7左右为正常值，如果相差比
较大，那么菇包在整体的硬度

成熟的白玉菇菌包

上相差将会比较大，颜色上的相差也会大。可以通过肉眼进行直接
判定，当差值>0.7的时候，菇包的中上部分会呈现淡黄色且较软，
而下部会呈现乳白色且较硬。这种情况下不可以开袋制冷，这是属
于实际培养时间不够的一种表现。这种现象原因可以从以下几方面
查找。

（1）培养基原因　培养基的氮含量偏高，未达到菇包成熟期。

（2）菇包原因　包的透气性差，虽然达到了培养时间，但是营
养转化不够。

（3）温度原因　温度太低，虽然培养时间够了，但是菇包的实
际积温不够。

（4）操作原因　生产操作失误，菇包底部有积水。

（5）其他（例外情况）　隐性污染。

3. 含氮量

一是当栽培包培养结束后，菌包的氮含量会升高，上升至灭菌
后菌包含氮量的140%～150%。这是由于栽培包中干物质含量减少
所导致，氮元素的量从灭菌后至开袋前没有改变，所以相对的其百
分比会上升（灭菌后至搔菌时，栽培包中的干物质重量减少了1/3
左右）。

二是含氮量与出菇产量成正相关关系，但灭菌后菌包的含氮量

高于1.6%时海鲜菇的品质和产量将难以控制。

含氮量超过1.6%的菌包培养时间要超过140d，当培养时间超过140d时，如果培养房没有加湿设备，菌包上层表面会过分失水，栽培包的整体水分将会越来越低，而不是越来越高，菌包的后熟过程无法完成。准备出菇时，上层的养分已经消耗殆尽，而下层的才刚开始，这种菌包上下后熟程度的差异，导致了营养运输障碍，所以产量和质量都会比较差。

4. 灰分

灰分的上升规律和原因与含氮量上升的规律和原因相同。搔菌时相对于灭菌后的灰分上升40%～50%。搔菌时灰分为40%比较合理，灰分大于50%时则海鲜菇难以拉长（培养期太长，营养消耗过度），灰分低于30%易发生瘤盖菇（营养积累不够）。

九、出菇管理

1. 开袋、翻袋、注水

开袋时不要过分破坏洞口，或者再次给栽培料打孔。否则菌包内部的菌丝会在短时间内疯狂生长，从而堵塞洞口，反而会造成菌包缺氧。

在开袋当天，通过注水或者搔菌，在一定程度上也是可以决定现蕾是否整齐。当外界

润正公司生育室自动控制箱

空气温度比较低的时候建议选择注水（折径18cm的菌包一般注水100mL），因为大多数工厂注水用的是地下水，南方地区地下水的平均温度在15℃左右，在补水的同时，也是给栽培包整体降温的过

程，通过冷水浸泡来降温，温度降得比较均匀，而且在降温速度上是空气降温无法比的，温度刺激更均匀，效果比较好。如果是寒冷的北方，且外界空气温度极低，不建议用注水的方法，可能会将菌包温度降得过低。

开盖　　　　　　　去除颈圈　　　　　　　卷袋口

翻袋效果　　　　　　　　　　　　注水

2. 恢复期

恢复期是指搔菌后，菌丝在馒头形处逐渐反白恢复菌丝的一个过程，大致需要3～5d。此时，空气相对湿度控制在85%～92%，温度控制在15～18℃，CO_2浓度控制在2 000～2 500mg/kg。

覆盖无纺布

开袋后第2d

3. 催蕾

菌丝逐渐"返白"后，开始进入现蕾期。生理成熟的菌包通过温差刺激（出菇库内温度控制在12～16℃）、增加光照（光照8～

催芽

开袋后第4d

开袋后第6d

开袋后第8d

10h/d的光刺激）、增加通风量（增加供氧量，CO_2浓度在2 500～3 000mg/kg）促使菌包由营养生长转入生殖生长。第6d菌丝开始出现扭结现象，第8d菌丝扭结的菌丝团上出现蕾原基，此时应注意适当减少雾化量，原基不断增加。

4. 现蕾期

在恢复期后将温度控制在13～15℃，光照6～8h/d，CO_2浓度在2 500～3 000mg/kg，促进菌丝扭结形成芽原基。在第10d左右，能看到三角形芽原基，第12d左右出现芽签状原基，此时适当加湿。

现蕾期

开袋后第12d

开袋后第14d

5. 壮蕾期

当芽原基形成后，将进一步发育分化成菇柄、菇帽。随着菇蕾慢慢伸长，进入快速发育，呼吸量增加，水分消耗量增加，此时要加大通风量和湿度。

保持出菇库内CO_2浓度在2 500～3 000mg/kg，温度在14～16℃，光照2h/d，壮蕾期维持至菇蕾长至瓶口。

壮蕾期

开袋后第16d

6. 伸长期

壮蕾期后，减少通风量，提升CO_2浓度至5 000～6 000mg/kg，湿度90%～95%，促使菇柄快速地被拉长，逐渐减少光照时间。

伸长期

开袋后第20d

开袋后第24d

注意事项 如果出现柄短、帽大则需要减少光照或不开灯，反之，则继续保持光照2h/d（累计时间，一般开5min/h）。

7. 成熟期

开袋后24～27d，当菇柄长度至13～15cm，菇帽微微张开，即可采收。

成熟期 　　　　　　　　　　开袋后第26d

第三节 　海鲜菇袋栽模式

一、培养管理

海鲜菇、白玉菇均属于白色真姬菇品种，从菌种上来看并无本质差异，只是根据成品菇的长短不同、粗细不同而起的不同的商品名称，一般来说海鲜菇比白玉菇长3～5cm，菇柄较粗，因此，在菌种制作、培养基制作、冷却接种、培养等方面与袋栽白玉菇基本一致，但培养周期一般稍长，采用固体菌种一般为105～150d。采用液体菌种一般为100~120d，培养成熟后菌丝呈黄白色，手感较为松软。

二、出菇管理

1.恢复期

开袋后第1~4d为恢复期，搔菌后，表面菌丝逐步恢复，变得浓白。此时，空气相对湿度控制在95%~100%，温度在15~17℃，CO_2浓度在3 000~4 000mg/kg，黑暗管理。

搔菌后第1d　　　　　　　　搔菌后第2d

> **注意事项**　注意房间内湿度及湿度，否则菌丝恢复困难，注意观察菌包表面是否有积水（若有及时处理掉）。

2.催蕾期

开袋后第5~8d为催蕾期，菌丝逐渐"返白"后，开始进入现蕾期。生理成熟的菌包通过温差刺激（出菇库内温度控制在12~16℃）、增加光照（光照8~10h/d的光刺激）、增加通风量（增加供氧量，CO_2浓度在2 500~3 000mg/kg），促使菌包由营养生长转入生殖生长。

搔菌后第5d　　　　　　　　　　　搔菌后第7d

注意事项　第6d菌丝开始出现扭结现象，第8d菌丝扭结的菌丝团上出现蕾原基，此时应注意适当减少雾化量，原基不断增加。

3. 现蕾期

开袋后第9~12d为现蕾期，原基数量越来越多。在恢复期后将温度控制在13~15℃，光照6~8h/d，CO_2浓度在2 500~3 000mg/kg，减少光照（光照1~2h/d的光刺激）促进菌丝扭结形成芽原基。

 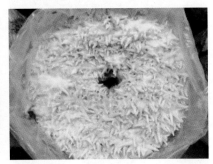

搔菌后第9d　　　　　　　　　　　搔菌后第13d

注意事项　在第10d左右，能看到三角形芽原基，第12d左右出现芽签状原基，此时适当加湿。

4. 伸长期

开袋后第13～26d为伸长期，菇蕾迅速生长，减少通风量，将CO_2浓度提升至5 000～6 000mg/kg，湿度98%～100%，促使菇柄快速地被拉长。逐渐减少光照时间或黑暗，抑制菇盖发育。

搔菌后第15d

搔菌后第19d

搔菌后第21d

搔菌后第23d

搔菌后第23d

注意事项 如果出现柄短、帽大则需要减少光照或不开灯，反之，则继续保持光照（一般开1min，关2h）。

5.成熟期

开袋后第27～28d为成熟期，开袋后，27～28d当菇柄长度至13～15cm，菇帽微微张开，即可采收。

开袋后，25～27d当菇柄长度至14～16cm，菇帽微微张开，即可采收。

搔菌后第25d

搔菌后第27d

子实体成熟

第四节 蟹味菇袋栽模式

一、培养管理

袋栽蟹味菇为真姬菇黄褐色品种，培养温度比袋栽白玉菇高

0.5℃，发热期也比袋栽白玉菇略长5～10d，培养周期因品种和培养料配方而略有差异，但总体上讲跟袋栽白玉菇培养条件基本一致。

二、出菇管理

1. 恢复期

开袋后第1～4d为恢复期，搔菌后，表面菌丝逐步恢复，变得浓白。此时空气相对湿度控制在95%～100%，温度在15～17℃，CO_2浓度在3 000～4 000mg/kg，黑暗管理。

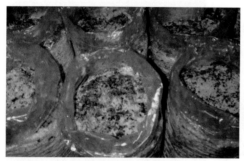
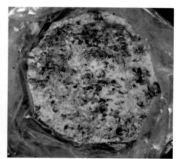

搔菌后第1d　　　　　　　　搔菌后第1d

注意事项 注意房间内湿度及湿度，否则菌丝恢复困难，关注菌包表面是否有积水（若有及时处理掉）。

2. 催蕾期

开袋后第5～8d为催蕾期，菌丝逐渐"返灰"后，菌丝逐步扭结，表面轻微吐水。生理成熟的菌包通过温差刺激（出菇库内温度控制在12～16℃）、增加光照（光照8～10h/d的光刺激）、增加通风量（增加供氧量，CO_2浓度在2 500～3 000mg/kg）促使菌包由营养生长转入生殖生长。

搔菌后第5d　　　　　　　　　　搔菌后第6d

注意事项　第6d菌丝开始出现扭结现象，第8d菌丝扭结的菌丝团上出现蕾原基，此时应注意适当减少雾化量，原基不断增加。

3. 现蕾期

开袋后第9~12d为现蕾期，原基数量越来越多。在恢复期后将温度控制在13~15℃，光照6~8h/d，CO_2浓度在2 500~3 000mg/kg，减少光照（光照1~2h/d的光刺激）促进菌丝扭结形成芽原基。

 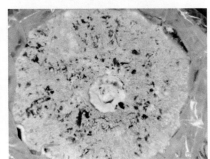

搔菌后第8d　　　　　　　　　　搔菌后第10d

注意事项　在第10d左右，能看到三角形芽原基，第12d左右出现芽签状原基，此时适当加湿。

搔菌后第12d   搔菌后第14d

4. 伸长期

开袋后第13~26d为伸长期，菇蕾迅速生长，减少通风量，将CO_2浓度提升至5 000~6 000mg/kg，湿度98%~100%，促使菇柄快速地被拉长。逐渐减少光照时间或黑暗，抑制菇盖发育。

搔菌后第16d   搔菌后第18d

注意事项 如果出现柄短、帽大则需要减少光照或不开灯，反之，则继续保持光照（一般开1min，关2h）。

搔菌后第21d　　　　　　　　搔菌后第23d

5. 成熟期

开袋后第27～28d为成熟期，开袋后，27～28d当菇柄长度至13～15cm，菇帽微微张开，即可采收。

搔菌后第25d　　　　　　搔菌后第27d　　　　　成熟的袋栽蟹味菇

第六章　真姬菇包装储存运输

第一节　采　收

一、采收标准

当子实体长至13～15cm，菇盖未开伞，及时采收。具体采收标准根据市场需要而定。

二、采收方法

可以在生育室直接采收，也可以利用输送带将达到采收标准的菌包（菌瓶），整筐输送到包装车间。具体操作为手握紧菇筒晃动，待菇丛松动脱离料面后，再拔出，注意不要碰伤菌盖。

瓶栽白玉菇采收流水线

采收后的菇包直接通过输送线送至废包脱袋机中粉碎脱袋，废料可做有机肥的原材料，现在也有用于草菇和蘑菇的二次利用及加工成牛、羊、猪的饲料。

袋栽白玉菇

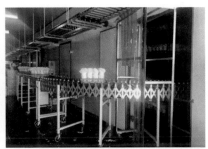

下架输送线

采收

放入采收筐

第二节　包　装

　　包装前要先将整丛菇放入冷库预冷，包装时去掉菌柄基部的杂质，拣出伤、残、病菇，并根据市场需求的规格，分拣后，称重或归类堆放。搬动时应小心轻放。

包装材料仓库

包装流水线

称重包装

第三节　储存运输

包装后及时放入冷库（2~4℃）保存。运输则要求冷链运输（2~4℃），保持鲜菇新鲜度。

成品冷库

冷藏车装货

第七章 真姬菇病害防治

第一节 生理性病害

一、瘤盖（盐巴菇）

瘤盖实际上是一种畸形的菌盖，是由于不正常的环境刺激和营养运输问题导致的一种生理性病害。

蟹味菇瘤盖

白玉菇瘤盖

1. 含氮量与实际培养时间不匹配所造成的工艺瘤盖

不同含氮量对应的菌包培养周期是不一样的，影响培养周期的因素很多，包括菌包重量、高度、孔洞、接种量、颗粒度等多个方面，但决定性因素是含氮量，其他因素在含氮量决定的培养周期上微调，尽量的降低菌龄，缩短培养时间，扩大培养房的使用效率。

如果实际培养时间低于必要培养时间，那么菌包手感会上软下硬，这种后熟不够的菌包拿去出菇，在出菇的过程中会出现养分供给断流的问题，具体实验数据监测可以直接通过对废包的上、中、下含氮量监测得出，如下表所示。

表　含氮量与菌龄的关系参考对照

含氮量（%）	必要培养时间（d）	大概对应产量（g）
1～1.1	80～85	300～350
1.1～1.2	85～90	350～450
1.2～1.3	100～105	500～550
1.3～1.4	115～120	550～600
1.4～1.5	130	600～650

注：包重1 250g，高18cm

2. 在培养过程中突然温差刺激

菌包在正常培养的情况下，不论是哪个培养阶段都不能出现突然的温度骤降，会对菌丝进行错误诱导，出现以温度规律出现的大批量瘤盖（盐巴菇）。例如，冬季，培养层架在外界（温度低于14℃时）放置了1h，这个培养层架在出菇时就会出现最顶上一层或者最底下一层（8筐）全部是瘤盖菇。

菌包在发菌过程中受到不合适的温度刺激，就容易出现瘤盖菇。如果这个受到冷刺激的培养层架在出菇时保持同样的菌包摆放位置，还会观察到层架最外侧的菌包全长瘤盖，正好是受冷刺激最严重的位置。

3.出袋口时的环境差别刺激

菇蕾长出袋口前要注意控制菇盖的湿度，若控制不当易长瘤盖，该阶段的瘤盖呈点粒状分布。出菇后期要注意湿度和通风的控制，不要波动过大，否则易产生略透明状瘤盖。

二、空心菇

1.通风

通风过大，导致湿度偏低、水分跟不上菇的生长，从而造成空心。

2.湿度

湿度偏低，会造成菇空心、脆，而湿度过高会造成菇周围的氧气不足，会空心、软。

第二节　非生理性病因

一、不整齐

1.搔菌

搔菌不均匀，料面不平，会导致现蕾不齐。

2.选蕾

前期现芽不齐，可以通过选蕾解决，挑去不齐，有瘤盖，畸形的菇，方便后期管理。

3.光照

菇蕾长出袋口前，菇蕾较乱则提早开始光照，早加光照可以使单包出菇整齐，晚加光照出菇容易不整齐。

4.温度

菇蕾长出袋口前后，略降温可以增加单包的整齐度。

现蕾不齐　　　　　　　　　　成品菇不齐

二、发黄

1.水分

出菇后期喷水过大，会导致菇柄发黄。

2.光照

光照不足，菇体会偏黄。

3.烧菌

前期培养如果出现烧菌，那么后期出菇的时候必须降低加湿量，否则蘑菇也会发黄。

三、菇盖偏大

1.光照

菇蕾在长出袋口前光照时间过长或光强过大会导致菇盖与菇柄大小比例失调，导致后期采菇时的菇盖偏大；后期光照过多也会导致菇盖偏大。

2. 通风

菇蕾在长出袋口前后，通风过大会导致菇盖加速生长，影响整体比例。

四、袋口高度导致的问题

当袋口比较长的时候袋口内环境CO_2浓度比较高，且湿度也比较大，菌丝恢复会比较快，但是现蕾的速度会偏慢，且菇蕾的数量也会比较少。

袋口的高度比较低，菌丝恢复的速度会相对较慢，袋口内的环境和房间内整体大环境的差值比较低，但是现蕾的速度却会变快，而且数量比较多。

开袋时，袋口的高度在一定程度上可以影响出菇的整体周期，还可以调节的菇蕾的数量。要找到最适合的芽量，避免"三节棍""两节棍"等比较短小的个体出现，提高产品的质量。

参考文献

黄年来，林志彬，2010. 中国食药用菌学[M]. 上海：上海科学技术文献出版社.

黄毅，2014. 食用菌工厂化栽培实践[M]. 福州：福建科学技术出版社.

卯晓岚，2000. 中国大型真菌[M]. 郑州：河南科学技术出版社.